Die Geheimnisse der Zeit aufdecken:
Den Teppich der Geheimnisse der Zeit entwirren.

Alvia Espe

Inhalt:

1. Das Wesen der Zeit
2. Alte Geheimnisse
3. Illusionen der Zeit
4. Die Relativitätstheorie enthüllt
5. Fiktive Reisen
6. Erforschte Wahrnehmungen
7. Der Urknall enthüllt
8. Der irreversible Fluss
9. Bewusstsein und Zeit
10. Quantenrätsel
11. Kosmologische Perspektiven
12. Erinnerung und Momente
13. Künstlerische Ausdrucksformen
14. Indigene Weisheit
15. Physik enthüllt
16. Der Einfluss der Zeit

17. Raum-Zeit enthüllt
18. Technologische Fortschritte
19. Philosophische Erkundungen
20. Zeitspielende

„Uncovering Time's Mysteries" ist eine faszinierende Untersuchung der geheimnisvollen Welt der Zeit. Dieses Buch enthüllt die faszinierenden Geheimnisse und Feinheiten rund um das Konzept der Zeit, indem es in die Tiefen wissenschaftlicher Theorien, historischer Geschichten und philosophischer Überlegungen eintaucht. Entdecken Sie mit uns die Geheimnisse der Zeit und offenbaren Sie ihre tiefe Bedeutung für unser Leben, von Einsteins Relativitätstheorie bis hin zu Interpretationen antiker Zivilisationen.

Kapitel 1: Die Essenz der Zeit

„The Essence of Time" nimmt den Leser mit auf eine faszinierende und umfassende Erkundung der wesentlichen Natur der Zeit. Anhand eines reichhaltigen Spektrums philosophischer, medizinischer und kultureller Perspektiven enthüllt dieses Kapitel die Komplexität und Geheimnisse rund um das Konzept der Zeit.

Zeit ist ein integraler Bestandteil unseres Lebens und durchdringt alle Aspekte unseres Lebens. Es bietet den Rahmen, in dem man die Branche genießen und begreifen kann. Vom Ticken einer Uhr bis zum Lauf der Jahreszeiten prägt die Zeit unsere Wahrnehmung und strukturiert unsere Wahrheit.

In den Aufzeichnungen haben Kulturen die Zeit auf unterschiedliche Weise konzeptualisiert. Einige historische Zivilisationen, ähnlich wie die Maya und die historischen Griechen, übernahmen zyklische Zeitvorstellungen, in denen sich Ereignisse in endlosen Zyklen wiederholen. Andere, wie die Ägypter, empfanden die Zeit als linear mit einem klaren Anfang und Ende.

Einzigartige Kulturen haben spezifische Beziehungen zur Zeit. Einige Kulturen priorisieren den gegenwärtigen Moment und legen Wert auf Spontaneität und Fluidität. Andere betonen eine langfristige Haltung und legen Wert auf Lebensstil und historische Kontinuität. Diese kulturellen Ansichten beeinflussen unsere Wahrnehmung des Wesens der Zeit.

Zeit ist nicht immer ein ausschließlich objektives Phänomen, sondern auch eine subjektive Ebene. Wir nehmen Zeit auf unterschiedliche Weise wahr, hauptsächlich abhängig von unserem emotionalen Zustand, unserem Engagement und unserer persönlichen Situation. In Zeiten des Vergnügens wirkt er möglicherweise gehetzt und in Zeiten der Langeweile oder Vorfreude träge.

Philosophen beschäftigen sich seit Jahrhunderten mit der Natur der Zeit. Es stellen sich Fragen nach dem Unterschied zwischen dem Jenseits, dem Geschenk und dem Schicksal und ob die Zeit in einem einzigen Verlauf verläuft oder mehrere Dimensionen hat. Die Debatten zwischen Eternalismus und Präsentismus werfen Licht auf diese Fragen.

Isaac Newtons absolute Vorstellung von der Zeit als einer unvoreingenommenen und einheitlichen Einheit herrschte über Jahrhunderte. Allerdings revolutionierte Albert Einsteins Relativitätstheorie unsere Informationen, indem sie Raum und Zeit im Gefüge der Raumzeit verschmolz, in dem die Schwerkraft den Fluss der Zeit verzerrt.

Einsteins Prinzip lieferte die Idee der Raumzeit, eines vierdimensionalen Rahmens, in dem Zeit mit dem dreidimensionalen Raum verflochten ist. Er entdeckte auch das Phänomen der Zeitdilatation, bei der die Zeit für Beobachter in speziellen Gravitationsfeldern oder in Relativbewegungen scheinbar auf andere Weise transportiert werden kann.

Der Begriff „Pfeil der Zeit" bezieht sich auf die wahrgenommene Asymmetrie zwischen Vergangenheit und Schicksal. Der Pfeil der Zeit zeichnet sich durch die Unumkehrbarkeit der Ereignisse aus, wobei das Leben nach dem Tod konstant, die Gegenwart vergänglich und das Schicksal unbekannt bleibt.

Das Gedächtnis spielt eine entscheidende Rolle für unser Zeitgenuss. Wir messen den Lauf der Zeit häufig, indem wir uns an vergangene Ereignisse erinnern und darüber nachdenken. Der Zusammenhang zwischen Erinnerung und Zeit wirft spannende Fragen über den Charakter unseres Zeitglaubens und seinen Zusammenhang mit persönlicher Identifikation auf.

Die Quantenmechanik bringt eine ähnliche Komplexität in unser Wissen über die Zeit. Die Normen der Überlagerung und Verschränkung werfen interessante Fragen über den Charakter der Zeit auf der Quantenebene auf. Einige Theorien gehen davon aus, dass die Zeit selbst aus wesentlichen Quantentechniken entstehen kann.

Zeit und Konzentration sind eng miteinander verbunden. Unsere Zeiterfahrung prägt unser Wissen und unsere Selbsterfahrung. Einige Philosophen argumentieren, dass Aufmerksamkeit auf dem Lauf der Zeit basiert, während andere meinen, dass Bewusstsein unabhängig von der Zeit existiert.

Kreative und literarische Ausdrucksformen erforschen regelmäßig die rätselhafte Natur der Zeit. Durch Gemälde, Romane und Gedichte fangen Künstler die flüchtige Essenz der Zeit ein, wecken Nostalgie für das Leben nach dem Tod oder stellen sich alternative zeitliche Realitäten vor.

Fortschritte in der Technologie haben unsere Vorliebe für die Vorstellung von Zeit geweckt. Von der Erfindung mechanischer Uhren bis zur Technologie digitaler Geräte hat uns die Technologie ermöglicht, die Zeit immer präziser zu messen, und das Tempo, in dem wir unser Leben führen, verändert.

Auf dem Gebiet der Kosmologie überprüfen Wissenschaftler den Ursprung und die Entwicklung der Zeit selbst. Das Urknallprinzip zeigt, dass dieser Punkt mit der Geburt des Universums begann, und nachfolgende kosmologische Modelle erforschen Wachstum, Schicksal und die realisierbare zyklische Natur der Zeit.

Einige philosophische und wissenschaftliche Sichtweisen weisen darauf hin, dass Zeit eine Fantasie sein kann. Sie argumentieren, dass unsere

Wahrnehmung der Zeit als kontinuierlicher Fluss das Ergebnis des begrenzten Umfangs menschlichen Wissens ist und dass das Wesen der Zeit möglicherweise komplexer oder sogar nicht existent ist.

Die in der Belletristik häufig thematisierte Idee einer Zeitwende vervielfacht faszinierende Paradoxien. Das Großvater-Paradoxon zum Beispiel stellt die Frage, was passieren könnte, wenn man in die Vergangenheit reist und dem eigenen Leben zuvorkommt. Solche Paradoxien verdeutlichen die Komplexität und Mysterien, die der Zeit innewohnen.

Das Konzept eines Multiversums, in dem mehrere Universen nebeneinander existieren, führt zu der Wahrnehmung verzweigter Zeitlinien und alternativer Realitäten. Die Erforschung paralleler Universen und ihrer zeitlichen Beziehungen fügt der Natur der Zeit eine weitere Komplexitätsebene hinzu.

Einige religiöse Traditionen legen nahe, dass Zeitlosigkeit jenseits unserer herkömmlichen Zeitinformationen liegt. Die Idee der Ewigkeit oder des ewigen Jetzt zeigt einen unsterblichen Bereich, in dem Vergangenheit, Geschenk und

Schicksal zu einem einheitlichen Ganzen verschmelzen.

Die Zeit prägt die menschliche Erfahrung tiefgreifend. Es beeinflusst unsere Entscheidungen, unser persönliches Wachstum und das Streben nach unseren Möglichkeiten. Wenn wir über das Wesen der Zeit nachdenken, können wir über die Bedeutung unserer flüchtigen Lebensweisen in der Weite der kosmischen Zeit nachdenken.

Klinische Theorien spekulieren grob über das endgültige Schicksal der Zeit und des Universums. Von der Möglichkeit eines „großen Stillstands" bis zur Idee eines zyklischen Universums lädt die Erforschung der endgültigen Kapazität der Zeit zum Nachdenken über die Natur der Unendlichkeit und die Grenzen unseres Wissens ein.

Der Lauf der Zeit ist untrennbar mit dem Alterungsprozess verbunden. Wenn wir älter werden, schätzen wir die Auswirkungen der Zeit auf unseren Körper und Geist und werfen Fragen über die Art des Einflusses der Zeit auf unsere privaten Reisen und die menschliche Situation auf.

Zeit erfüllt eine wichtige Funktion in der Taktik der Evolution und des Wandels. Über längere Zeiträume hinweg passen sich Arten an und verändern ihre Form, selbst wenn Zivilisationen auf- und absteigen. Die Expertise im Zusammenspiel von Zeit und Transformation ist bekannt für die komplexe Dynamik der sich entfaltenden Existenz.

Die Vorstellung von Zeit beeinflusst unser Wissen über Bewegung und Kausalität. Unsere Fähigkeit zu planen, Entscheidungen zu treffen und Ziele zu verfolgen, hängt von unserem Bewusstsein für den Lauf der Zeit ab. Die Erforschung der philosophischen Implikationen der Zeit ermöglicht es uns, den Charakter einer Gesellschaft und einen freien Willen zu reflektieren.

Während die Zeit eng mit der Materie des Universums verbunden ist, sind ihre Messung und ihr kommerzielles Unternehmen menschliche Innovationen. Der Status quo von Kalendern, Zeitzonen und der Normalisierung der Zeit spiegelt unsere kollektive Übereinstimmung mit den gesellschaftlichen Konstrukten wider, die unseren zeitlichen Genuss bestimmen.

Das von Carl Jung vorgeschlagene Phänomen der Synchronizität deutet auf bedeutungsvolle Zufälle hin, die außerhalb der Grenzen konventioneller Zeitvorstellungen auftreten. erkunden

Synchronizität lädt zum Nachdenken über das heikle Zusammenspiel von Zeit, Bedeutung und gegenseitiger Abhängigkeit ein.

Historische Erzählungen werden durch unser Wissen und unsere Interpretation der Zeit geprägt. Die Auswahl und Anordnung von Anlässen schafft Zeitrahmen, durch die wir die Vergangenheit spüren lassen. Die Analyse der Funktion der Zeit in der Geschichtsschreibung vertieft unsere Wertschätzung für die Geschichten, die unser kollektives Gedächtnis bilden.

Das Wesen der Zeit ist eng mit unserem Sinn für private Identifikation verbunden. Während wir uns durch die Zeit bewegen, erleben wir Geschichten, entwickeln uns und verändern uns. Das Nachdenken über die Fluidität der Identität angesichts der vergehenden Zeit aktiviert die Kontemplation über den Charakter des Selbst und die Kontinuität des Seins.

Unsere emotionale Kritik ist eng mit unserer Zeitwahrnehmung verknüpft. Nostalgie zum Beispiel weckt den Durst nach dem Jenseits und verdeutlicht die Art und Weise, wie sich die Zeit durch unsere emotionalen Landschaften verwebt. Die Betrachtung des Zusammenspiels von Zeit, Emotionen und Nostalgie bietet Einblick in das komplexe Geflecht menschlicher Feierlichkeiten.

Kapitel 2: Alte Geheimnisse

Im Laufe der Menschheitsgeschichte sind Zivilisationen auf- und abgestiegen und haben Spuren ihres Lebens hinterlassen. Von erstaunlichen Denkmälern bis hin zu rätselhaften Artefakten ist die historische Welt voller Geheimnisse, die darauf warten, entdeckt zu werden. Diese Geheimnisse enthalten den Schlüssel zur Erfahrung unserer Vergangenheit und werfen Licht auf die Kulturen und Gesellschaften, die vor uns existierten. Bei dieser Erkundung historischer Geheimnisse und Techniken begeben wir uns auf eine Reise durch die Zeit und tauchen in die Tiefen des Jenseits ein, um die Rätsel zu lösen, die Historikern, Archäologen und Liebhabern seit Hunderten von Jahren den Worten entzogen sind.

Als eines der symbolträchtigsten Wunder der Weltgeschichte regen die Pyramiden Ägyptens die Fantasie an. Diese großartigen Bauwerke wurden als monumentale Gräber für die Pharaonen erbaut und zeugen vom Können und Einfallsreichtum der historischen Ägypter. Aber wie sie mit solch einer Präzision gebaut wurden, bleibt ein

Rätsel. Es gibt zahlreiche Theorien, die von fortschrittlichen technischen Strategien bis hin zum Eingreifen von Außerirdischen reichen. Durch die Analyse von Architektur, Symbolik und Bestattung

Mit den mit den Pyramiden verbundenen Praktiken versuchen wir, die Geheimnisse und Techniken dieser majestätischen Monumente zu lüften.

Die verlorene Stadt Atlantis:

Platons legendäre Geschichte von Atlantis, einer fortgeschrittenen Zivilisation, die im Ozean verschwand, hat Generationen berührt. Verwandelt sich Atlantis in eine reale Zone oder eine fiktive Allegorie? Archäologen und Entdecker haben ihr Leben der Suche nach Beweisen dieser verlorenen Stadt, der Erkundung der Tiefen der Ozeane und der Untersuchung potenziell versunkener Standorte gewidmet. Durch archäologische Entdeckungen, geologische Untersuchungen und historische Analysen vertiefen wir uns in die Hinweise und Theorien rund um das schwer fassbare Atlantis und versuchen, Wahrheit von Fiktion zu trennen.

Die Nazca-Stümpfe sind in das trockene Panorama der Nazca-Wüste in Peru eingraviert und riesige Geoglyphen, die man einfach vom Himmel aus erkennen kann. Diese großen geometrischen Figuren und Formen wurden nach Nazca-Tradition zwischen 500 v. Chr. und 500 n. Chr. geschaffen und faszinieren Gelehrte seit Jahrzehnten. Wie konnten diese komplizierten Designs ohne die Hilfe moderner Generationen erreicht werden? Waren sie schwierig?

Der astronomische Kalender eine Form des spirituellen verbalen Austauschs? Durch die Analyse der Theorien und des kulturellen Kontexts wollen wir den Grund und die Bedeutung der Nazca-Stämme klären

Stonehenge liegt in Salisbury Mere in England und ist ein rätselhaftes Abbild prähistorischer Architektur. Dieses antike Denkmal besteht aus großen stehenden Steinen und hat viele Theorien über seinen Zweck und seine Entstehungsstrategien ausgelöst. In ein astronomisches Observatorium, eine Grabstätte oder eine heilige Zeremonienstätte verwandelt? Die Theorien reichen von sinnvollen technischen Strategien bis hin zu mystischen Ausrichtungen auf Himmelskörper. Durch die Erforschung der Archäologie, Anthropologie und Folklore rund um Stonehenge wollen wir den wahren Grund dafür beleuchten.

Dieses historische Gerät wurde in einem Schiffswrack vor der griechischen Insel Antikythera gefunden und wird oft als der erste analoge Computer der Welt bezeichnet. Der Antikythera-Mechanismus stammt aus dem 1. Jahrhundert v. Chr. und überrascht Forscher mit seinen komplizierten Zahnrädern und einzigartigen astronomischen Berechnungen. Sein Zweck und seine Komplexität werfen Fragen auf

Ungefähr der Umfang des medizinischen Wissens, den historische Zivilisationen nutzen. Durch die Analyse der internen Funktionsweise des Werkzeugs und die Lektüre seines historischen Kontextes versuchen wir, die Geheimnisse und Techniken dieses außergewöhnlichen antiken Dienstleisters zu entdecken.

Die Verlockung historischer Geheimnisse und Techniken weckt weiterhin Interesse und Intrigen. Von den Pyramiden

Ägyptens bis zu den Geheimnissen von Atlantis birgt das Leben nach dem Tod unzählige Rätsel, die darauf warten, gelöst zu werden. Dank der Bemühungen engagierter Forscher nähern wir uns allmählich dem Wissen um die Geheimnisse und Techniken unserer Vorfahren. Während viele Fragen unbeantwortet bleiben, führt uns jede Entdeckung dazu, das Geflecht menschlicher Aufzeichnungen zu entwirren. Die Untersuchung alter Geheimnisse und Techniken vertieft nicht nur unser Wissen über die Vergangenheit effektiver, sondern liefert uns auch wertvolle Einblicke in unsere eigene Existenz und erinnert uns an das Tiefgründige

Kapitel 3: Die Illusionen der Zeit

Zeit, ein integraler Bestandteil unseres täglichen Lebens, ist eine Idee, die unseren Glauben an die Wahrheit prägt. Wir sind darauf angewiesen, um unsere Tage zu strukturieren, unsere Erfolge zu messen und für die Zukunft zu planen. Aber die Zeit ist nicht so einfach, wie es scheint. Es ist ein geheimnisvoller Druck, der unsere Sinne verbiegen, verzerren und täuschen kann. In diesem Kapitel befassen wir uns mit den Illusionen der Zeit und erforschen die faszinierenden Ansätze, die unser Glaube und unsere Expertise in der zeitlichen Realität mit sich bringen.

Albert Einstein revolutionierte mit seiner Idee der Relativität unser Zeitwissen. Nach Einstein ist die Zeit keine absolute, konstante Größe, sondern eine Messung, die durch Schwerkraft und Relativbewegung ausgelöst wird. Dieses als Zeitdilatation bezeichnete Konzept legt nahe, dass die Zeit für außergewöhnliche Beobachter auf andere Weise springen kann. Dies bedeutet, dass ein Punkt abhängig von der

Geschwindigkeit des Beobachters oder der Nähe eines riesigen Objekts langsamer oder schneller werden kann. Indem wir die Ergebnisse der Relativitätstheorie erforschen, entdecken wir, wie unsere Wahrnehmung der Zeit mithilfe unseres Referenzkörpers verzerrt werden kann.

Haben Sie schon einmal beobachtet, wie die Zeit wie im Flug vergeht, wenn Sie einem unterhaltsamen Hobby nachgehen, sich aber in die Länge zieht, wenn Sie gelangweilt sind oder auf etwas warten? Dieses als subjektive Zeit bezeichnete Phänomen unterstreicht die subjektive Natur unserer Zeitwahrnehmung. Unser innerer Bereich, unsere Gefühle und unser Interesse können unsere Überzeugungen im Laufe der Zeit erheblich beeinflussen. Anhand psychologischer Studien und persönlicher Anekdoten untersuchen wir die Faktoren, die zu unserem subjektiven Erleben der Zeit beitragen, und wie unsere Emotionen und unser Engagement unsere Vorstellung davon verändern können, wie die Zeit vergeht.

In unserem Alltag gehen wir häufig davon aus, dass gleichzeitig auftretende

Ereignisse von allen Beobachtern gleichzeitig erlebt werden. Aufgrund der endlichen Geschwindigkeit der Glätte und der Relativität der Gleichzeitigkeit ist diese Annahme jedoch eine Illusion. Gemäß Einsteins Konzept müssen Ereignisse, die für einen Beobachter gleichzeitig sind, möglicherweise nicht gleichzeitig für alle anderen Beobachter in relativer Bewegung sein. Diese Relativität der Gleichzeitigkeit stellt unser intuitives Zeitwissen in Frage und zeigt die Problematik der zeitlichen Wahrnehmung.

Wünsche und veränderte Wissensstände bieten fesselnde Einblicke in die Geheimnisse des zeitlichen Glaubens. Bei Zielen kann die Zeit verzerrt erscheinen, da Aktivitäten nichtlinear oder beschleunigt ablaufen. Ebenso dokumentieren Menschen, die Nahtodgeschichten oder psychedelische Reisen erlebt haben, oft ein Gefühl der Zeitlosigkeit oder Zeitdilatation. Durch die Betrachtung dieser brillanten Rezensionen gewinnen wir Einblicke in die Formbarkeit des zeitlichen Glaubens und seine Fähigkeit, sich mit der Funktionsweise unseres Unterbewusstseins zu verbinden.

Unsere Vorstellung vom vorherrschenden Moment ist ein grundlegender Bestandteil unserer Freude an der Zeit. Neuere neurowissenschaftliche Studien deuten jedoch darauf hin, dass die Wahrnehmung der „Gegenwart" eine konstruierte Fantasie unseres Gehirns ist. Die Forschung legt nahe, dass unser Glaube an das, was vorherrscht, in Wahrheit das Ergebnis der Tatsache ist, dass der Geist mit einer leichten Verzögerung sensorische Statistiken integriert. Diese Erkenntnis stellt unser Fachwissen über die Unmittelbarkeit der gegenwärtigen Sekunde in Frage und wirft interessante Fragen über die Natur des Zeitbewusstseins auf.

Zeitparadoxien, mit dem Großvaterparadoxon und dem Bootstrap

Paradox, ein Geschenk umwerfender Rätsel, die unser logisches Ursache-Wirkungs-Know-how auf die Probe stellen. Diese Paradoxien entstehen, wenn Zeitreisen und die Fähigkeit, sich über den Anlass hinaus zu verändern, ins Spiel kommen. Durch die Untersuchung dieser Paradoxien vertiefen wir uns in die inhärenten Komplexitäten und Widersprüche, die entstehen, wenn wir über die Fähigkeit nachdenken, die Zeit zu manipulieren. Diese konzeptionellen Erfahrungen sind nicht mehr die einfachste Aufgabe unserer Intuition, sondern laden uns auch dazu ein, das Gefüge der Zeit selbst anzugreifen.

Die Illusionen der Zeit erinnern uns daran, dass unser Glaube an diesen wesentlichen Teil der Lebensweise nicht so zuverlässig ist, wie es scheint. Von der Relativität der Zeit bis zur Subjektivität unserer Erfahrung, von der Flexibilität der Zeit über kulturelle und antike Auswirkungen auf unser Handwerk bis hin zu den verlockenden Möglichkeiten des Zeittricks – die Geheimnisse der Zeit fesseln und faszinieren uns. Indem wir diese Illusionen erforschen, vertiefen wir unser Verständnis für die Komplexität und das Rätsel der Zeit und laden uns ein, über die Natur unserer eigenen zeitlichen Existenz nachzudenken.

Der unaufhaltsame Vorwärtsmarsch der Zeit ist eng mit unserer Sterblichkeit verbunden

Alterung des Systems. Mit zunehmendem Alter kann sich unser Glaube an die Zeit verändern, und das Zeitgefühl beschleunigt sich im Laufe der Jahre. Wir ringen mit der Endlichkeit unserer Lebensweisen und denken über die Mittel unseres Lebens im Kontext des Laufs der Zeit nach. Indem wir die mentalen und existenziellen Dimensionen des Alterns und der Sterblichkeit erforschen, stellen wir uns den tiefgreifenden Fragen und anspruchsvollen Situationen, die entstehen, wenn wir unsere Nachbarschaft im Zeitbereich betrachten.

Kapitel 4: Relativitätstheorie enthüllt

Das von Albert Einstein zu Beginn des 20. Jahrhunderts vorgeschlagene Konzept der Relativität revolutionierte unsere Informationen über Fläche, Zeit und Schwerkraft. Es handelt sich um eine der beeindruckendsten medizinischen Errungenschaften der Menschheitsgeschichte. Nach diesem Bankrott begeben wir uns auf ein Abenteuer, um die Normen und Implikationen der Relativitätstheorie aufzudecken und jede spezielle Relativitätstheorie und bekannte Relativitätstheorie zu erforschen. Wir tauchen ein in die bezaubernde Welt der verzerrten Zeitzone, den Charakter der Gleichzeitigkeit und die reflexiven Phänomene, die entstehen, während wir die Relativität von Bewegung und Schwerkraft im Auge behalten.

Die spezielle Relativitätstheorie, die 1905 von Einstein entwickelt wurde, bietet einen Rahmen für die Untersuchung des Verhaltens von Geräten, die sich mit hoher Geschwindigkeit bewegen. Im Kern verlangt die Spezielle Relativitätstheorie von Situationen die Newtonsche Vorstellung der absoluten Zeit und postuliert stattdessen, dass Fläche und Zeit miteinander verflochten sind und ein vierdimensionales Geflecht namens Flächenzeit bilden. Die bekannte Gleichung $E=mc^2$ zeigt die Äquivalenz von Masse und Elektrizität,

Einführung des Konzepts, dass Materie in Macht umgewandelt werden kann und umgekehrt. Indem wir Lorentz-Verbesserungen und das Konzept der Zeitdilatation untersuchen, beginnen wir, die tieferen Implikationen der speziellen Relativitätstheorie zu entschlüsseln.

Eine der interessantesten Konsequenzen der speziellen Relativitätstheorie ist die Zeitdilatation. Aufgrund dieses Phänomens kann es bei übertragbaren Gegenständen zu unterschiedlichen Zeitverläufen im Verhältnis zueinander kommen. Je näher ein Objekt der Lichtgeschwindigkeit kommt, desto langsamer verläuft die Zeit für es im Vergleich zu einem stationären Beobachter. Diese Enthüllung gipfelt in fesselnden Gedankenexperimenten sowie im Zwillingsparadoxon, bei dem sich einer mit relativistischen Geschwindigkeiten mit zwei Geschwindigkeiten bewegt, während der andere auf dem Planeten bleibt. Als das reisende Double zurückkommt, stellen sie fest, dass sie weniger alte Leute haben als ihr fester Bruder. Bei der Erkundung dieser Möglichkeiten werden wir mit den verblüffenden Auswirkungen der Zeitdilatation konfrontiert.

Die einzigartige Relativitätstheorie führt uns in das Konzept ein, dass Raum und Zeit keine getrennten Einheiten, sondern miteinander verflochtene Dimensionen sind. Diese Vereinigung von Raum und Zeit schafft einen einheitlichen Rahmen namens Raumzeit. In diesem Rahmen entsteht die Relativität der Gleichzeitigkeit, die unseren intuitiven Glauben stützt, dass Aktivitäten für alle Beobachter gleichzeitig stattfinden. Nach wichtiger Relativität, Aktivitäten usw.

Die Idee der Zeitdilatation ist eine der Schlüsselideen der einzigartigen Relativitätstheorie. Zeitdilatation tritt aufgrund der Relativbewegung zwischen zwei Beobachtern auf. Wenn sich ein Objekt mit einem Bruchteil der Lichtgeschwindigkeit relativ zu einem Beobachter bewegt, scheint die Zeit für dieses Übertragungsobjekt allmählich zu verkürzen. Das bedeutet, dass eine Übertragungsuhr im Vergleich zu einer Entspannungsuhr sehr langsam läuft. Dieses Phänomen wurde experimentell nachgewiesen und spielt eine entscheidende Rolle beim Betrieb der GPS-Satellitentechnologie.

Die berühmte Gleichung $E=mc^2$, abgeleitet aus der einzigartigen Relativitätstheorie, zeigt die Äquivalenz von Masse und Kraft. Dies legt nahe, dass Masse in Kraft umgewandelt werden kann und umgekehrt. Diese Aufmerksamkeit hat tiefgreifende Auswirkungen auf unser Fachwissen über Kernreaktionen und die riesigen Energiemengen, die in Strategien wie den Fusionsreaktionen im Inneren der Sonne eingespeist werden.

Das doppelte Paradoxon beinhaltet, dass sich ein Zwilling mit relativistischer Geschwindigkeit dreht, während das

Gegenstück auf der Erde bleibt. Als das reisende Double zurückkehrt, stellen sie fest, dass sie weniger gealtert sind als ihr stationärer Bruder. Dieses paradoxe Ergebnis ergibt sich aus der Unterscheidung der Zeitjournale für das Traveller-Double und den Office-Twin. Der Besuchszwilling, der sich mit übermäßiger Geschwindigkeit bewegt, untersucht die Zeitdilatation, die dazu führt, dass er im Vergleich zum stationären Zwilling langsamer altert.

Kapitel 5: Fiktive Reise

Fiktion hat die hervorragende Kraft, uns in andere Welten zu entführen, unsere Fantasie anzuregen und uns auf außergewöhnliche Reisen mitzunehmen. In diesem Kapitel tauchen wir in die bezaubernde Welt des fiktiven Reisens ein und erforschen die vielfältigen Geschichten, Schauplätze und Charaktere, die Leser und Zuschauer seit Hunderten von Jahren faszinieren. Von epischen Quests bis hin zu interstellaren Reisen untersuchen wir die Faktoren, die fiktive Reisen so fesselnd machen, und die Methoden, mit denen sie unsere eigenen menschlichen Geschichten und Träume widerspiegeln.

Das Abenteuer des Helden:

Das Abenteuer des Helden ist eine der nachhaltigsten und archetypischsten fiktiven Reisen. Diese mit Hilfe von Joseph Campbell populär gemachte Erzählform folgt der transformativen Reise eines Helden, der sich auf eine Suche begibt, sich Prüfungen und Herausforderungen stellt und am Ende mit neuen

Informationen und einem Boom nach Hause zurückkehrt. Von antiken Mythen bis hin zu moderner Literatur diente das Abenteuer des Helden als wirksamer Rahmen für das Geschichtenerzählen und fand bei Publikum aller Kulturen und Zeitspannen großen Anklang. Durch die Erkundung der Ebenen des

Im Abenteuer des Helden lösen wir die etablierten Themen und Anweisungen, die in diesen Geschichten eingebettet sind.

Fiktive Reisen führen uns oft in fantastische und kreative Welten, die am besten auf den Seiten eines E-Books oder auf dem Bildschirm existieren. Diese Welten können mit ihren spezifischen Landschaften, Gesellschaften und Vorschriften komplex und präzise sein. Ob JRR Tolkiens Mittelerde, Lewis Carrolls Wunderland oder George Lucas' Celebrity Wars-Galaxie – diese fiktiven Welten wecken unser Staunen und laden uns ein, die Grenzen unserer Vorstellungskraft zu erkunden. . Durch die Untersuchung der Branchenaufbaustrategien, die von

Autoren und Filmemachern eingesetzt werden, gewinnen wir Einblick in die Kunst, immersive und glaubwürdige Fantasiewelten zu erschaffen.

Eines der faszinierendsten Elemente von Fictional Journeys ist die Erforschung von Zeitreisen und der Realität des Wandels. Geschichten, in denen es um Zeitreisen geht, wie etwa „The Time Gadget" von HG Wells oder die Filmreihe „Again to the Future", ermöglichen es uns, über die Chancen und Konsequenzen nachzudenken, die sich daraus ergeben, die Vergangenheit zu verändern oder das Schicksal zu leben. Außerdem Geschichten, die in sich verändernde Realitäten eintauchen, wie Philip ok. Dicks „The Person Inside Fort Excess" oder die TV-Serie „Stranger Matters" wagen sich in unsere Erfahrung der Realität und fordern die Grenzen des Machbaren heraus. Während wir tiefer in diese Erzählungen eintauchen, denken wir über die Natur der Zeit, die Kausalität und das Multiversum nach.

Die fiktiven Reisen bieten darüber hinaus eine Plattform zur Erforschung ethischer

Dilemmata und moralischer Entscheidungen. Charaktere stehen regelmäßig vor schwierigen Entscheidungen, die ihre Werte und Standards auf die Probe stellen. Diese Reisen werfen tiefe Fragen über die Natur von richtig und falsch, die Ergebnisse unserer Bewegungen und das Streben nach Gerechtigkeit auf. Von den ethischen Herausforderungen, denen sich die Verwendung von Frodo Beutlin in „Der Herr des Schmucks" gegenübersieht, bis hin zu den moralischen Dilemmata, denen sich Atticus Finch in „Wer die Nachtigall stört" gegenübersieht, laden uns diese Geschichten dazu ein, über unseren moralischen Kompass und die Entscheidungen, die wir treffen, nachzudenken . in unserem Privatleben.

Fiktionale Reisen führen uns über die Grenzen unseres gewöhnlichen Lebens hinaus und ermöglichen es uns, neue Welten zu entdecken, unterschiedliche Charaktere kennenzulernen und über die Komplexität des menschlichen Vergnügens nachzudenken.

Fiktive Reisen dienen regelmäßig als Metaphern für nicht-öffentliche Erweiterung, Selbstfindung und menschliche Feier. Die Charaktere begeben sich auf eine innere Reise, navigieren durch ihre emotionalen Landschaften und stellen sich ihren Ängsten und Unzulänglichkeiten. Durch ihre Nöte und Begegnungen lernen sie wertvolle Lektionen über sich selbst und ihren Platz in der internationalen Szene. Diese metaphorischen Reisen finden bei den Lesern Anklang, weil sie das häufige Streben nach Selbsterkenntnis und Selbstverbesserung widerspiegeln.

Kapitel 6: Erforschte Wahrnehmungen.

Bei diesem Scheitern tauchen wir ein in das fesselnde Reich der Wahrnehmungen. Unsere Wahrnehmungen spielen eine entscheidende Rolle bei der Gestaltung unseres Fachwissens in der Welt um uns herum. Sie beeinflussen unsere Gedanken, Gefühle und Bewegungen und bestimmen letztendlich, wie wir die Wahrheit interpretieren und mit ihr interagieren. In dieser Untersuchung können wir den Charakter von Wahrnehmungen, ihre Entstehung und die verschiedenen Faktoren betrachten, die sie beeinflussen und formen können.

Wahrnehmungen können aufgrund der intellektuellen Verfahren beschrieben werden, mit denen wir von der internationalen Außenwelt empfangene Sinnesdaten interpretieren und erleben. Sie sind die Filter, durch die wir die Wahrheit wahrnehmen und begreifen, und sie sind außerordentlich subjektiv. Die Wahrnehmungen jedes Charakters sind einzigartig und können von einer

Vielzahl von Dingen beeinflusst werden, die über Geschichten, Kulturgeschichte, Überzeugungen und private Vorurteile hinausgehen.

Wahrnehmungen werden durch ein komplexes Zusammenspiel von Sinneseindrücken, kognitiven Strategien und Erfahrungen geprägt. Wenn wir auf sensorische Registrierungen stoßen, darunter Attraktionen, Geräusche, Geschmäcker oder Gerüche, kommen unsere Gehirntaktiken ins Spiel und konstruieren eine intellektuelle Darstellung der Außenwelt. Diese Illustration ist kein sofortiges Spiegelbild der Realität, sondern vielmehr eine Interpretation, die durch unsere früheren Geschichten und internen kognitiven Prozesse angeregt wird.

Interesse spielt eine wichtige Rolle bei der Wahrnehmungsbildung. Unser Gehirn nimmt gezielt bestimmte Reize wahr und filtert andere heraus. Diese selektive Aufmerksamkeit kann durch verschiedene Faktoren sowie durch die Bedeutung des Reizes, persönliche Aktivitäten und emotionale Zustände ausgelöst werden. Worauf wir achten, prägt unsere Wahrnehmung erheblich und kann zu Vorurteilen oder verzerrten Interpretationen von Fakten führen.

Kognitive Vorurteile sind dem menschlichen Staunen innewohnende Tendenzen, die unsere Wahrnehmungen und Entscheidungsstrategien beeinflussen können. Diese Voreingenommenheiten ergeben sich regelmäßig aus den Heuristiken oder intellektuellen Abkürzungen, die unser Verstand verwendet, um die Fakten zu verarbeiten.

Effektiv. Obwohl sie in einigen Situationen nützlich sein können, können sie auch zu Fehleinschätzungen und Fehleinschätzungen führen. Beispiele für häufige kognitive Verzerrungen sind der Assertion Bias, bei dem wir nach Statistiken suchen, die unsere aktuellen Ideale bestätigen, und der Availability Bias, bei dem wir die Bedeutung leicht verfügbarer Datensätze überschätzen.

Wahrnehmungen werden nicht vollständig durch die Verwendung

einzelner Gegenstände beeinflusst, sondern auch durch soziale und kulturelle Kontexte geprägt. Unsere Interaktionen mit anderen, gesellschaftliche Normen und kulturelle Werte können die Art und Weise, wie wir die Arena wahrnehmen, dramatisch beeinflussen. Kulturelle Glaubensunterschiede können in verschiedenen Bereichen angesiedelt sein, darunter in der Sprache, der räumlichen Wahrnehmung und sozialen Normen. Diese Effekte unterstreichen die dynamische und kontextuelle Natur von Wahrnehmungen.

Es ist bei weitem wichtig zu erkennen, dass unsere Wahrnehmungen nicht immer ein genaues Abbild der Realität sind. Dabei handelt es sich um subjektive Interpretationen, die durch verschiedene Faktoren gefördert werden. Zwei Menschen können dieselbe Chance aufgrund ihrer unterschiedlichen Perspektiven und Ausbildung unterschiedlich wahrnehmen.

Informationen über diese Subjektivität sind entscheidend für die Förderung von Empathie und Aufgeschlossenheit, da sie es uns ermöglichen, unterschiedliche Standpunkte zu verstehen und unsere eigenen Vorurteile zu hinterfragen.

Obwohl Wahrnehmungen tief verwurzelt sein können, sind sie nicht festgelegt und können durch bewusste Anstrengung verändert werden. Wachsendes Selbstbewusstsein, harte Vorurteile und die aktive Suche nach alternativen Perspektiven können dazu beitragen, unser Wissen zu erweitern und zu differenzierteren Wahrnehmungen zu führen. Schulung, Kontakt mit verschiedenen Kulturen und Ideen sowie kritisches Denken sind wesentliche Werkzeuge, um unsere Wahrnehmung zu verbessern und die Zwänge unserer inhärenten Vorurteile zu überwinden.

Wahrnehmungen sind die Linsen, durch die wir die Welt zum Leben erwecken. Sie sind relativ subjektiv und werden von individuellen, sozialen und kulturellen Faktoren bestimmt.

Kapitel 7: Der Urknall enthüllt.

Nach diesem Bankrott begeben wir uns auf ein Abenteuer in die Geheimnisse der Entstehung des Universums, während wir die Idee des Urknalls aufdecken. Das Urknallprinzip ist die siegreiche medizinische Erklärung für die Erlösung des Universums. Es bietet einen Rahmen, um zu erkennen, wie sich der Kosmos von einem heißen und dichten Bereich zu dem großen und zahlreichen Kosmos entwickelt hat, den wir heute betrachten. In dieser Untersuchung können wir uns mit den wichtigen Prinzipien, Beweisen und Implikationen des Massive Bang-Konzepts befassen.

Das Konzept des Urknalls:

Die Massive-Bang-Theorie geht davon aus, dass das Universum aus einer Singularität – einem unendlich heißen, dichten Punkt – in einem als Urknall bekannten Ereignis entstanden ist. Nach diesem Konzept etwa dreizehn Jahre. Vor acht Milliarden Jahren wurden alle Abhängigkeiten, Elektrizität, Raum und Zeit in diesem singulären Punkt komprimiert. Dann begann sich das Universum mit seinem raschen Wachstum auszudehnen und abzukühlen, was der Bildung von Galaxien, Sternen und letztendlich der Existenz, wie wir sie verstehen, einen Auftrieb verlieh.

Einer der wichtigsten Beweise für die Urknalltheorie ist die Erfindung der kosmischen Hintergrundstrahlung. In den 1960er Jahren stießen Arno Penzias und Robert Wilson auf schwache, gleichmäßige Mikrowellenstrahlung, die das gesamte Universum durchdringt. Es wird angenommen, dass diese Strahlung, die als kosmische Legacy-Mikrowellen (CMB) bekannt ist, ein Überbleibsel der akuten Hitze des frühen Universums ist. Seine Entdeckung lieferte starke Beweise für den Wunsch nach dem Urknallprinzip und trug dazu bei, es als Hauptgrund für die Entstehung des Universums zu etablieren.

Ein weiterer wichtiger Faktor im Urknall-Konzept ist die Idee der Erweiterung des Universums. Die Beobachtungen des Astronomen Edwin Hubble in den 1920er Jahren ergaben, dass sich Galaxien

voneinander entfernten. Dies führte zu
der Schlussfolgerung, dass das Universum
nicht immer statisch ist, sondern ein
Ersatz für Expansion ist. Die Hubble-
Beobachtungen lieferten in Kombination
mit bevorstehenden Messungen der
Rotverschiebung weicher Galaxien in
entfernten Galaxien weitere Beweise für
das Massive-Bang-Modell. Das Wachstum
des Universums impliziert, dass es in der
Vergangenheit Galaxien und kosmische
Systeme gab

Wir standen uns im Kollektiv viel näher
als heute

Die ersten Augenblicke nach dem
gewaltigen Boom waren wichtig für die
Bestimmung der chemischen
Zusammensetzung des Universums. In
einem System namens Nukleosynthese
verbinden sich Protonen und Neutronen
zu Kernen weicher Elemente, darunter
Wasserstoff, Helium und winzige Mengen
Lithium. Diese ursprüngliche
Nukleosynthese fand in den ersten
Minuten der Lebensmuster des
Universums statt und ist für die Fülle

dieser Elemente im Kosmos verantwortlich.

Als das Universum immer größer und unkonventioneller wurde, begannen die gezählten Wesen unter der Schwerkraft zusammenzuballen. Im Laufe der Zeit wurden diese Abhängigkeitscluster dichter und bildeten schließlich Galaxien, Sterne und Planetensysteme. Der zarte Tanz der kosmischen Evolution hat das Universum geformt, das wir sind

Beobachten Sie diese Tage mit ihrer reichen Form an Himmelsobjekten und -strukturen.

Um bestimmte Rätsel und Beobachtungen zu beantworten, haben Wissenschaftler die Idee der kosmischen Inflation entwickelt. In Übereinstimmung mit dieser Hypothese erlebte das Universum eine kurze exponentielle Dauer

Vergrößerung nur wenige Augenblicke nach dem Urknall. Diese schnelle Vergrößerung hätte die Unregelmäßigkeiten glätten und den Grad der späteren Bildung von Galaxien und verschiedenen kosmischen Strukturen definieren können. Obwohl die kosmische Inflation immer noch Gegenstand aktiver Forschung und Debatte ist, bietet sie einen Ansatz zur Beantwortung mehrerer Schlüsselfragen, darunter die Einheitlichkeit des CMB und die großräumige Form des Universums.

Die Urknalltheorie hat tiefgreifende Auswirkungen auf unser Wissen über den Kosmos und unsere Region darin. Es bietet einen kohärenten Rahmen zur Erklärung der Grundlagen, der Entwicklung und der großräumigen Struktur des Universums. Allerdings gibt es noch viele offene Fragen, die noch beantwortet werden müssen. Als Beispiel sind die Charaktere „Dark Memory" und „Dark Force" zu nennen, die zusammen den Großteil der Masse des Universums ausmachen.

Formtraining:Die Urknalltheorie bietet Einblicke in die Entstehung der Systeme des Universums, zu denen Galaxien, Galaxienhaufen und exquisite Galaxienhaufen gehören, über Milliarden von Jahren. DER

Vorläufige SchwankungenIn der Dichte der Abhängigkeiten und der Elektrizität während des frühen Universums gibt es Ideen, die die Bildung dieser kosmischen Strukturen durch die Schwerkraft hervorgerufen haben.

Anisotropien des kosmischen Mikrowellenhintergrunds (CMB).: Eine eigenartige Kartierung der kosmischen historischen Mikrowellenstrahlung hat winzige Temperaturschwankungen oder Anisotropien am Himmel entdeckt. Diese Anisotropien liefern wertvolle Informationen über die Zahlenverteilung im frühen Universum und stützen die Idee einer kosmischen Inflation.

Kommentare:implizieren, dass es im Universum möglicherweise viel zusätzliche Masse gibt, die nicht durch Zählen erklärt werden kann. Dunkle Lebensweisen zu zählen, eine hypothetische Form des Zählens, die keine Wechselwirkung mit Licht hat, ist ein Rätsel, das noch immer ungelöst ist. Um die Dynamik und Entwicklung des Universums vollständig zu verstehen, ist es wichtig, die Natur der Dunkelheit zu kennen.

dunkle Macht: Ohne Vorurteile oder dunkle Zuversicht kann es Hinweise auf die Anwesenheit einer dunklen Macht geben, einer mysteriösen Kraft, die die ausgedehnte Expansion des Universums vorantreibt. Der Ursprung und die Zusammensetzung der dunklen Macht sind nicht geklärt, was sie zu einer der größten offenen Fragen der Kosmologie macht.

Anfängliche Singularität:Die Urknalltheorie beschreibt die Expansion des Universums aus einer sehr heißen und dichten Singularität. Bei dem Versuch, die Bedingungen an dieser Singularität zu beschreiben, bricht unser derzeitiges physikalisches Wissen jedoch zusammen. Theoretische Rahmenwerke wie die Quantengravitation zielen darauf ab, die Prinzipien der Quantenmechanik und der bekannten Relativitätstheorie in Einklang zu bringen, um mit dieser Störung umzugehen.

Kosmische Inflation:auch wenn die kosmische Inflation eine attraktive Hypothese ist, die die Erklärung erleichtert

Der UrknallDiese Idee hat unser Verständnis der Ursprünge und Entwicklung des Universums revolutioniert. Es bot einen kohärenten Rahmen zur Erklärung der kosmischen Mikrowellen-Hintergrundstrahlung, der Expansion des Universums und der sich darin bildenden Strukturen. Es bleiben jedoch noch einige offene Fragen, wie zum Beispiel die Natur der Dunkelheit und der dunklen Macht, die ersten Momente des Universums und das endgültige Schicksal des Kosmos. Dauerhafte Forschung, technologischer Fortschritt und moderne theoretische Rahmenbedingungen bergen das Potenzial, diese Geheimnisse zu lüften und unser Verständnis des Universums, in dem wir leben, zu vertiefen.

Kapitel 8: Der irreversible Fluss

In diesem Kapitel untersuchen wir das Konzept des irreversiblen Flusses, einen grundlegenden Aspekt der Dynamik des Universums und des Zeitpfeils. Unter irreversiblem Fluss versteht man den unidirektionalen Verlauf von Ereignissen, bei dem bestimmte physikalische Prozesse, sobald sie einmal stattgefunden haben, nicht mehr rückgängig gemacht werden können. Es untermauert unsere Zeiterfahrung und spielt eine entscheidende Rolle in Bereichen von der Thermodynamik bis zur Kosmologie. In dieser Untersuchung werden wir tiefer in die Natur des irreversiblen Flusses, seine Auswirkungen und seine Verbindungen zur Entropie und zum zweiten Hauptsatz der Thermodynamik eintauchen.

Das Konzept des Zeitpfeils ist eng mit dem irreversiblen Fluss verbunden. Es bezeichnet die Asymmetrie, die wir im Verlauf der Ereignisse beobachten. Obwohl wir uns an die Vergangenheit erinnern und Vorhersagen über die Zukunft treffen können, können wir den Lauf der Zeit nicht umkehren und

Ereignisse nicht in umgekehrter Reihenfolge erleben. Diese unidirektionale Natur der Zeit hat tiefgreifende Auswirkungen auf unser Verständnis der Kausalität, das Verhalten physikalischer Systeme und die Natur des Universums selbst.

Ein Schlüsselaspekt des irreversiblen Flusses ist seine Verbindung zum Konzept der Entropie. Entropie kann als Maß für die Unordnung oder Zufälligkeit innerhalb eines Systems verstanden werden. Der zweite Hauptsatz der Thermodynamik besagt, dass die Entropie in einem geschlossenen System tendenziell zunimmt oder bestenfalls im Laufe der Zeit konstant bleibt. Dies impliziert, dass natürliche Prozesse zu einer Zunahme der Unordnung führen und zur Irreversibilität bestimmter Phänomene beitragen.

Nehmen Sie das Beispiel einer Glasscherbe auf dem Boden. Es ist höchst unwahrscheinlich, dass zerbrochenes Glas sich spontan wieder zusammenfügt und auf den Tisch zurückfließt. Der Anfangszustand (intaktes Glas) weist eine niedrige Entropie auf, während der Endzustand (zerbrochenes Glas) eine hohe Entropie aufweist. Die Irreversibilität dieses Prozesses wird durch die Tendenz von Systemen bestimmt, von Zuständen niedrigerer Entropie in Zustände höherer Entropie überzugehen.

Der irreversible Fluss ist tief in den Gesetzen der Physik verwurzelt. Während die grundlegenden Gleichungen, die physikalische Phänomene regeln, in Bezug auf die Zeitumkehr im Allgemeinen symmetrisch sind,

Randbedingungen und Anfangszustände bestimmen oft die Richtung des Zeitpfeils. Beispielsweise ist der Wärmefluss von einem heißen Objekt zu einem kühleren Objekt aufgrund der Entropiezunahme ein irreversibler Prozess. Diesen Prozess umzukehren würde den zweiten Hauptsatz der Thermodynamik verletzen.

Irreversibler Fluss beschränkt sich nicht auf isolierte Prozesse, sondern hat Auswirkungen auf das Universum als Ganzes. Kosmologen glauben, dass sich das Universum irreversibel ausdehnt, angetrieben von dunkler Energie. Bei dieser Expansion entfernen sich die Galaxien voneinander und der Raum zwischen ihnen vergrößert sich mit der

Zeit. Diese irreversible kosmische Expansion prägt die großräumige Struktur des Universums und beeinflusst das Schicksal von Galaxien und kosmischen Strukturen.

Auch der irreversible Fluss und der Zeitpfeil werden im Rahmen der Quantenmechanik erforscht. Während Quantenprozesse selbst häufig reversibel sind, bringt der Messprozess ein Element der Irreversibilität mit sich. Der Zusammenbruch der Wellenfunktion während der Messung führt zu einem eindeutigen Ergebnis

und führt zu einem irreversiblen Bruch in der einheitlichen Entwicklung von Quantensystemen. Dieses Messproblem und sein Zusammenhang mit dem Zeitpfeil sind weiterhin Themen der Debatte und Erforschung auf dem Gebiet der Quantengrundlagen.

Der irreversible Fluss wirft tiefe philosophische Fragen über die Natur der Zeit, die Ursache und unseren Platz im Universum auf. Er stellt die Möglichkeit von Zeitreisen in Frage, da die Umkehrung des Laufs der Zeit erfordern würde, sich der zunehmenden Entropie zu widersetzen und grundlegende physikalische Prinzipien zu verletzen. Die irreversible Natur der Zeit wirft auch Fragen über das endgültige Schicksal des Universums auf, etwa ob es sich auf unbestimmte Zeit weiter ausdehnt oder schließlich einen Zustand maximaler Entropie erreicht.

Der irreversible Fluss äußert sich in verschiedenen physikalischen Prozessen. Wenn beispielsweise eine Tasse heißen Kaffee auf dem Tisch steht, kühlt sie allmählich ab, da die Wärme vom heißeren Kaffee an die kühlere Umgebung übertragen wird. Es ist jedoch höchst unwahrscheinlich, dass der Kaffee bei Abkühlung der Umgebung spontan wieder heiß wird. Diese Irreversibilität ist das Ergebnis des zweiten Hauptsatzes der Thermodynamik, der besagt, dass in einem isolierten System die Entropie tendenziell zunimmt oder konstant bleibt. Die Entropie ist ein Maß für die Unordnung oder Zufälligkeit des Systems, und ihr Anstieg entspricht der Irreversibilität vieler physikalischer Prozesse.

Der Zeitpfeil spielt eine entscheidende Rolle beim Verständnis der Kausalität. Kausalität besagt, dass Ursache und

Wirkung einer bestimmten Reihenfolge folgen: Eine Ursache geht ihrer Wirkung zeitlich voraus. Diese zeitliche Reihenfolge wird durch den Zeitpfeil bestimmt, da Ereignisse in einem Vorwärtsverlauf ablaufen, der nicht rückgängig gemacht werden kann. Die Irreversibilität der Zeit stellt sicher, dass Ursache-Wirkungs-Beziehungen eine klare Richtung haben und es uns ermöglicht, die kausalen Zusammenhänge in der Welt um uns herum zu verstehen.

Entropie ist eng mit irreversiblem Fluss verbunden. Wie bereits erwähnt, ist die Entropie ein Maß für die Unordnung oder Zufälligkeit innerhalb eines Systems. Der zweite Hauptsatz der Thermodynamik besagt, dass die Entropie in einem geschlossenen System tendenziell zunimmt oder bestenfalls konstant bleibt.

Kapitel 9: Bewusstsein und Zeit.

In diesem Bankrott tauchen wir ein in die reizvolle Beziehung zwischen Bewusstsein und Zeit. Bewusstsein ist das subjektive Vergnügen, uns selbst und die Umgebung um uns herum wahrzunehmen. Zeit ist auch hier ein wesentliches Thema in unserem Lebensstil, sie prägt unsere Überzeugungen und organisiert unsere Geschichten. Die Erforschung des Zusammenspiels zwischen Bewusstsein und Zeit kann tiefe Einblicke in den Charakter unserer subjektiven Tatsachen liefern. In dieser Aufschlüsselung werden wir verschiedene Faktoren dieser Datierung untersuchen, darunter den Glauben an die Zeit, das Selbstgefühl und die Position der Aufmerksamkeit in unserer Zeiterfahrung.

Unsere Zeiterfahrung ist nicht immer nur ein bloßer Kommentar zu ihrem letzten Ablauf, sondern wird von unserem Zweck inspiriert. Die Zeit scheint zu rasen oder sich zu verlangsamen, sich scheinbar auszudehnen oder zusammenzuziehen, abhängig von unserem Gedankenbereich und den Aktivitäten, mit denen wir interagieren. Psychologische Elemente wie Aufmerksamkeit, Emotion und Gedächtnis tragen zur subjektiven Zeitwahrnehmung bei. Für

Während wir beispielsweise in fesselndes Interesse versunken sind, scheint die Zeit wie im Flug zu vergehen, auch wenn sie uns in Zeiten der Langeweile oder Erwartung furchtbar langsam vorkommt.

Wissen ist mit einem Selbstbewusstsein verknüpft und jedes davon ist im Detail mit unserem Zeitgenuss verbunden. Unser subjektives Selbstgefühl beruht auf einer ununterbrochenen Erzählung, die über die Gegenwart und das Schicksal hinausreicht. Erinnerungen verankern unsere Erfahrung privater Identifikation und präsentieren eine zusammenhängende Geschichte, die unsere vergangenen Geschichten mit dem vorherrschenden Moment verbindet und unsere Erwartungen an das Schicksal prägt. Die nahtlose Integration dieser Zeitdimensionen in unsere bewusste

Wahrnehmung trägt zu unserer Selbsterfahrung und der sich entfaltenden Erzählung unseres Lebens bei.

Eines der faszinierenden Elemente des Akzents ist seine enge Beziehung zum existierenden Zweiten, oft als „Jetzt" bezeichnet. Während der gegenwärtige Moment flüchtig erscheint, ist er meilenweit vom Schnittpunkt zwischen dem Jenseits und der Zukunft entfernt und dient als Grundlage für unsere bewusste Freude. Unsere Aufmerksamkeit verschiebt sich ständig von der Gegenwart vor Ort auf die Erinnerungen an die Vergangenheit und die Projektionen für die Zukunft. Der Reichtum unserer subjektiven Wahrheit liegt in unserer Fähigkeit, dieses dynamische Wechselspiel der Zeitdimensionen zu steuern.

Unsere Zeiterfahrung ist kein unmittelbares Spiegelbild des endgültigen Zeitflusses. Stattdessen unterliegt es Verzerrungen und Vorurteilen, von denen die wichtigste häufig als „subjektive Zeitphantasie" bezeichnet wird. Studien haben beispielsweise gezeigt, dass unsere

Erinnerungen an vergangene Ereignisse von den Emotionen inspiriert werden können, die wir während dieser Ereignisse empfunden haben. Wesentliche oder emotional aufgeladene Ereignisse werden in der Regel lebhafter in Erinnerung gerufen, was den Eindruck einer verlängerten subjektiven Zeit für diese Momente vermittelt.

Wenn Menschen völlig in ein Hobby vertieft sind und eine tiefe Erfahrung von Bewusstsein und Engagement machen, geraten sie regelmäßig in einen Zustand, der „Waft" genannt wird. In diesem Zustand scheint auch die Vorstellung von Zeit nachzulassen oder sogar ganz zu verschwinden. Zeitlosigkeit ist ein Indikator für den schwebenden Zustand, in dem der Einzelne völlig im Moment des Schenkens versunken ist und die traditionelle Zeit verliert. Diese Offenbarung unterstreicht die Formbarkeit unserer subjektiven Vorstellung von Zeit und Zeit

Fähigkeit, unser bewusstes Vergnügen zu verändern.

Das Problem der zeitlichen Bindung ist ein schwieriges Rätsel in den Neurowissenschaften, bei dem es darum geht, wie unser Gehirn die Statistiken einzigartiger Sinnesmodalitäten integriert und eine konsistente Erfahrung der dominanten Sekunde schafft. Bewusste Wahrnehmung beinhaltet die Integration sensorischer Eingaben mit proprietären Zeitskalen, die sichtbare, akustische und taktile Reize umfassen. Das Fachwissen darüber, wie der Geist diese zeitliche Bindung erreicht und unsere einheitliche Erfahrung der dominanten Sekunde aufbaut, ist ein Bereich der laufenden Forschung.

Kapitel 10: Quantenrätsel

In diesem Bankrott tauchen wir in das faszinierende Reich des Quantenrätsels ein. Die Quantenphysik mit ihren kontraintuitiven Maßstäben und rätselhaften Phänomenen hat unsere konventionellen Informationen über Fakten in Frage gestellt. Das Quantenrätsel bezieht sich auf mysteriöse und schwierige Aspekte der Quantenmechanik, die den klassischen Instinkt herausfordern und tiefe Fragen über den Charakter des Universums aufwerfen. Während dieser Untersuchung werden wir Schlüsselkonzepte wie Superposition, Verschränkung und Größenprobleme untersuchen und so Licht auf die rätselhafte Natur der Quanteninternationalen werfen.

Eines der wichtigen Prinzipien der Quantenmechanik ist das Prinzip der Superposition. Darin heißt es, dass Quantenstrukturen in mehreren Zuständen gleichzeitig existieren können, was eine Mischung oder Überlagerung aller möglichen Ergebnisse darstellt. Das bedeutet, dass ein Teilchen, einschließlich eines Elektrons, bis zu seiner Größe in einem Zustand existieren kann, in dem es sowohl ein Teilchen als auch eine Welle ist und gleichzeitig mehrere Positionen oder Kraftzustände einnimmt. Anspruchsvolle Lagensituationen

Unsere klassische Vorstellung, dass ein Teilchen eine bestimmte Funktion oder Zugehörigkeit hat, führt ein tiefes Paradoxon in den Quantenbereich ein.

Verschränkung ist ein weiteres verblüffendes Element der Quantenmechanik. Dies geschieht, wenn zwei oder mehr Teilchen so verbunden sind, dass der Bereich des einen Teilchens unmittelbar mit der Nation des anderen korreliert, unabhängig von der Entfernung zwischen ihnen. Dieses Phänomen, das Albert Einstein berühmt als „erschreckende Bewegung aus der Ferne" beschrieb, stellt unsere regelmäßigen Informationen über Zweck und Auswirkungen in Frage und wirft Fragen über die wesentliche Vernetzung der Quantenwelt auf. Die Verschränkung wurde experimentell nachgewiesen und hat Auswirkungen auf die Verarbeitung und Kommunikation der Quantenstatistik.

Einer der schwierigsten Teile der Quantenmechanik ist der Aufwand der Messung. Wenn auf einer Quantenmaschine eine Größe erzeugt wird, scheint die Überlagerung eines Zustandspaares zu einem bestimmten, einheitlichen Endergebnis zusammenzufallen. Dieser Zerfall wird oft dadurch beschrieben, dass die Wellenfunktion in einem bestimmten Bereich „zusammenbricht". Der richtige Mechanismus und die Interpretation dieses Krümels bleiben jedoch Gegenstand von Diskussionen und Forschungen in der Quantenphysik. Der Aufwand der Messung stellt unser Verständnis der Beziehung zwischen dem globalen Quantum und unseren klassischen Beobachtungen in Frage und wirft tiefgreifende philosophische und interpretative Fragen auf.

Die von Werner Heisenberg formulierte Unschärferelation ist ein wesentliches Prinzip der Quantenmechanik. Er weist darauf hin, dass es möglicherweise eine inhärente Grenze für die Genauigkeit gibt, mit der positive Paare physischer Häuser, einschließlich Funktion und Impuls, gleichzeitig erkannt werden können. Dieses Gebot zeigt, dass es auf der Quantenebene eine inhärente Unsicherheit und Unbestimmtheit geben kann, die über die Grenzen unserer dimensionalen Werkzeuge hinausgeht. Die Quantenunsicherheit führt ein Detail der inhärenten Zufälligkeit und Unvorhersehbarkeit in die Quantenwelt ein und trägt so zum Rätsel der Quantenphänomene bei.

Quanten-DE-Kohärenz ist eine Technik, die den Übergang vom Quantenbereich zur klassischen Welt erklärt, den wir in der regulären Existenz beobachten. Es bezieht sich auf die Interaktion

Von einem Quantengerät mit seiner Umgebung, wodurch die Maschine ihre Quantenkohärenz und ihr klassisches Verhalten verliert. Die DE-Kohärenz erklärt, warum wir in unserer makroskopischen Tatsache nicht die makroskopischen Elemente untersuchen, die in Überlagerung vorhanden sind oder

Quantenphänomene darstellen. Informationen über DE-Kohärenzmechanismen sind wichtig, um die Lücke zwischen Quanten- und klassischen Domänen zu schließen.

Die rätselhafte Natur der Quantenmechanik hat zu verschiedenen Interpretationen geführt, von denen jede versucht, eine Erklärung für die grundlegende Natur der globalen Quantenmechanik zu liefern und das große Problem zu lösen. Die Kopenhagener Interpretation, entwickelt mit Hilfe von Neil

Bohr und Mitarbeiter behaupten, dass der Zerfall der Wellenfunktion als Funktion der Größe erfolgt, was zu einem genauen Ergebnis führt.

Kapitel 11: Kosmologische Perspektiven

In dieser Pleite begeben wir uns auf eine Entdeckungsreise zum großen Thema der Kosmologie, die versucht, den Ursprungsort, die Form und die Entwicklung des Universums als Ganzes zu verstehen. Die Kosmologie umfasst eine Vielzahl von Theorien, Beobachtungen und Methoden, die uns spezifische Einblicke in die Natur unserer kosmischen Existenz bieten. Von der Urknalltheorie bis hin zu Multiversum-Spekulationen können wir uns mit verschiedenen kosmologischen Visionen befassen und ihre Implikationen, Beweise und laufenden Debatten untersuchen. Unsere Erkundung wird Licht auf grundlegende Fragen zum Ursprung des Universums, seiner Zusammensetzung und seinem verbleibenden Schicksal werfen.

Die Idee des Urknalls ist der Grundstein der fortgeschrittenen Kosmologie. Er postuliert, dass das Universum vor etwa dreizehn Jahren in einem sehr heißen und dichten Land entstand. Vor acht Milliarden Jahren. Nach dieser Theorie ist das Universum aufgrund der über Milliarden von Jahren entstandenen Galaxien, Sterne und Planeten stetig gewachsen. Das Urknallprinzip wird durch viele Beweislinien gestützt, darunter:

Kosmische Mikrowellen-Hintergrundstrahlung und beobachtete Rotverschiebung entfernter Galaxien. Es bietet einen Rahmen für Fachwissen zur frühen Geschichte des Universums und ebnet den Weg für die Erforschung kosmologischer Ansichten.

Die inflationäre Kosmologie ist eine Erweiterung der Idee des Urknalls, die eine kurze Dauer exponentieller Expansion im frühen Universum vorschlägt. Diese inflationäre Epoche, die mit Hilfe eines hypothetischen Skalarsubjekts vorangetrieben wurde, erklärt viele komplizierte Beobachtungen, einschließlich der nahezu gleichmäßigen historischen kosmischen Mikrowellenstrahlung und der großräumigen Form des Universums. Die

Inflationskosmologie bietet einen Ansatz für Horizontprobleme und Flachheitsprobleme und ist damit ein weit verbreiteter Rahmen für Informationen im frühen Universum.

Beobachtungen in verschiedenen Maßstäben zeigen, dass das Sichtbare davon abhängt, was wir im Universum untersuchen, und nicht die Gravitationskräfte erklären kann, die seine Form formen. Dunkles Zählen ist eine hypothetische Form des Zählens, die nicht mit Licht oder anderen Arten elektromagnetischer Strahlung interagiert, sondern einen gravitativen Einfluss auf die gesehene Zählung ausübt. Es ist weit davon entfernt, daran zu glauben

Einen großen Teil der Gesamtmasse des Universums ausmachen. Obwohl die Natur der Dunklen Zahl weiterhin unklar ist, wird ihr Leben aus den Gravitationsbefunden von Galaxien, Galaxienhaufen und der großräumigen Form des Universums abgeleitet.

Die dunkle Kraft ist jede andere mysteriöse Komponente, die den Energiegehalt des Universums dominiert. Es wird angenommen, dass seine Meilen für die ausgedehnte Expansion des Universums verantwortlich sind und die Anziehungskraft der Zählung zunichte machen. Dunkle Energie zeichnet sich durch die Nutzung von negativem Stress aus, der die Ausdehnung des Weltraums beschleunigt. Obwohl der Charakter der dunklen Macht weiterhin missverstanden wird, wird ihre Anwesenheit aus Beobachtungen entfernter Supernovae und der großräumigen Verteilung von Galaxien abgeleitet. Die Rolle der Dunklen Energie bei einer kosmischen Expansion stellt für Kosmologen eine gewaltige Herausforderung dar und wirft Fragen über das verbleibende Schicksal des Universums auf.

Die kosmische historische Mikrowellenstrahlung (CMB) ist ein schwacher Strahlungsschein, der das gesamte Universum durchdringt. Es gilt als eines der überzeugendsten Zeugnisse der Großen

Punch-Idee. CMB-Strahlung ist ein Relikt des jüngsten dichten frühen Universums und hat sich im Laufe der Jahre abgekühlt und sich als Mikrowellenstrahlung herausgestellt. Die genauen Beobachtungen des CMB liefern wesentliche Informationen über die Zusammensetzung, Geometrie und das Alter des Universums. Es ist bekannt, dass es kleine Temperaturschwankungen aufweist, die Keime für die Bildung kosmischer Strukturen sind.

Die Zahlenverteilung im Universum ist nicht immer gleichmäßig, zeigt aber bekanntlich ein komplexes netzwerkartiges Muster, das als kosmisches Internet bezeichnet wird. Diese zarte Form besteht aus

Galaxienhaufen, Filamente und beträchtliche Weltraumlücken. Die Bildung des kosmischen Netzes ist ein Effekt gravitativer Wechselwirkungen zwischen dunklem Gedächtnis und normalem Gedächtnis. Im Laufe von Milliarden von Jahren hat die Gravitationsanziehung zwischen Subjekten dazu geführt, dass Regionen mit höherer Dichte kollabierten, was zur Bildung von Galaxien und Galaxienhaufen entlang der Filamente führte. Das kosmische Internet bietet wertvolle Informationen über die großräumige Form des Universums und die zugrunde liegende zu zählende Verteilung.

Die Multiversum-Hypothese besagt, dass unser Universum einfach eines von vielen existierenden Universen ist, die zusammen ein riesiges Universum bilden

Viele Mengen werden Multiversum genannt. Im Einklang mit bestimmten kosmologischen Theorien, einschließlich der inflationären Kosmologie und dem String-Prinzip, expandierte das frühe Universum schnell, was die Attraktivität mehrerer Regionen mit exklusiven Körperhäusern und fundamentalen Konstanten steigerte.

Kapitel 12: Erinnerung und Momente

In diesem Kapitel befassen wir uns mit den komplizierten Funktionsweisen menschlicher Erinnerungen und entdecken die tiefere Bedeutung des Festhaltens und Bewahrens unserer wertvollsten Momente. Das Gedächtnis spielt eine entscheidende Rolle bei der Gestaltung unserer Identität, beeinflusst unsere Wahrnehmung und vermittelt uns über die Jahre hinweg ein Gefühl der Kontinuität. Von der Bildung und dem Abrufen von Erinnerungen bis hin zur emotionalen Wirkung bedeutungsvoller Momente können wir einen Blick auf die Vielschichtigkeit der Erinnerung und die tiefgreifenden Methoden werfen, mit denen sie unser Leben prägt.

Erinnerungen sind keine statischen Einheiten, sondern werden durch ein komplexes System namens Erinnerungsbildung kontinuierlich geformt und verändert. Kodierung, Konsolidierung und Abruf sind die wichtigen Elemente, die den Grad der

Erinnerungsbildung beeinflussen. Während der Kodierung werden die Statistiken unserer Sinnesuntersuchungen in ein Layout umgewandelt, das im Kopf gespeichert werden kann. Bei der Konsolidierung geht es darum, Erinnerungen im Laufe der Zeit zu stabilisieren und zu stärken. Letztendlich ermöglicht uns das Abrufen, bei Bedarf auf gespeicherte Erinnerungen zuzugreifen und diese hervorzuholen. Das Verständnis der Mechanismen hinter der Erinnerungsbildung gibt Aufschluss darüber, wie unsere Geschichten in unserer Aufmerksamkeit brennen.

Speicher ist nicht immer ein einziges monolithisches System, sondern umfasst spezielle Arten von Speichersystemen, die wunderbare Fähigkeiten bieten. Die beiden wichtigsten Formen des Gedächtnisses sind das ausdrückliche (deklarative) Gedächtnis und das implizite (prozedurale) Gedächtnis. Das Expressgedächtnis ist für die bewusste Erinnerung an Statistiken und Ereignisse verantwortlich, während das implizite Gedächtnis am Kauf von Fähigkeiten und Verhaltensweisen beteiligt ist. Darüber hinaus gibt es Unterteilungen innerhalb ausdrücklicher und impliziter Erinnerungsstrukturen, einschließlich episodischer Erinnerungen (für bestimmte Aktivitäten), semantischem Gedächtnis (für bekannte Fähigkeiten) und motorischem Gedächtnis (für bekannte Fähigkeiten). motorische Fähigkeiten).

Emotionen spielen eine wichtige Rolle bei der Bildung und dem Abrufen von Erinnerungen. An emotionale Ereignisse erinnert man sich oft lebhaft, da unser emotionaler Bereich die Kodierung und Festigung von Erinnerungen prägen kann. Die Amygdala, eine Gehirnstruktur, die mit der emotionalen Verarbeitung verbunden ist, spielt eine wichtige Rolle bei der Bildung emotionaler Erinnerungen. Sowohl angenehme als auch schlechte Emotionen können das Gedächtnis auf einzigartige Weise beeinflussen. Einige Studien deuten darauf hin, dass schreckliche Emotionen dazu neigen, das Gedächtnis zu verschönern. Denken Sie daran. Das Wissen um die Beziehung zwischen Gefühlen und Erinnerungen gibt

Aufschluss darüber, wie tief unsere emotionalen Geschichten in unseren Erinnerungen verwurzelt sind.

Erinnerungen sind eng mit unserem Selbstbewusstsein und unserer privaten Identifikation verknüpft. Unsere Erinnerungen bilden einen Erzählstrang, der unsere Beziehungen zum Leben nach dem Tod mit unserer Selbstaufopferung verbindet und unsere Informationen darüber prägt, wer wir sind. Erinnerungen helfen uns, ein zusammenhängendes Identitätsgefühl aufzubauen, indem sie vergangene Ereignisse, Beziehungen und Erfolge in eine zusammenhängende Erzählung integrieren. Der Verlust oder die Störung der Erinnerung kann tiefgreifende Auswirkungen auf unsere Identität haben, da er unsere Erzählung fragmentieren und unser Selbstvertrauen projizieren könnte. Die schwierige Beziehung zwischen Erinnerung und Identifikation unterstreicht die Bedeutung der Erinnerung für die Definition unserer Individualität.

Bedeutende und persönliche Momente, die oft einen einzigartigen Platz in unserer Erinnerung bedeuten. Diese Momente können wichtige Ereignisse, Meilensteine oder einfach nur regelmäßige Berichte mit emotionaler Bedeutung sein. Die Erinnerung ermöglicht es uns, diese Momente noch einmal zu erleben und zu bewahren und sie ihre flüchtige Existenz durchleben zu lassen. Ob es sich um einen runden Geburtstag, eine Hochzeit, einen Abschluss oder die Interaktion mit einem geliebten Menschen handelt, diese Momente prägen sich in unser Gedächtnis ein und tragen zum Gefüge unseres Lebens bei. Wenn wir über die Beziehung zwischen Erinnerung und Momenten nachdenken, können wir verstehen, wie wichtig es ist, Bilder zu machen und diese flüchtigen Geschichten zu schätzen.

Obwohl Reminiszenz eine ausgezeichnete kognitive Technik ist, ist sie nicht unfehlbar. Unsere Erinnerungen sind Situationen von Fehlern, Deformationen und Auslassungen. Die im Gedächtnis zu behaltende Erinnerung kann durch verschiedene Faktoren verursacht werden, einschließlich des Zeitablaufs, externer Indikatoren und unserer persönlichen Vorurteile. Es kann auch zu falschen Erinnerungen kommen, bei denen Menschen anschaulich über Ereignisse berichten, die nie stattgefunden haben. Das Verständnis der Fehlbarkeit des Gedächtnisses erinnert uns daran, unsere Erinnerungen zu technisieren

Mit einer vitalen Linse und betont die Wichtigkeit.

Erinnerungen sind ein faszinierendes und komplexes Phänomen, das unser Leben tiefgreifend prägt. Von der Bildung von Erinnerungen bis hin zur Erinnerung an lebensgroße Momente spielt die Erinnerung eine entscheidende Rolle für unser Selbstwertgefühl, unser Branchenwissen und die vollständige Bewahrung unserer geschätzten Erfahrungen. Durch die Erinnerung verweben wir das Geflecht unserer privaten Erzählungen, verbinden die Fäden unserer Vergangenheit mit unserer Gegenwart und prägen unsere Identifikation.

Die schwierigen Taktiken der Gedächtnisbildung, -konsolidierung und -abrufung ermöglichen es uns, Informationen aus unserer Sinnesgeschichte zu verschlüsseln und zu speichern und sie in bleibende Erinnerungen umzuwandeln. Verschiedene Formen von Gedächtnisstrukturen, einschließlich ausdrücklicher und impliziter Erinnerungen, tragen zu unserer Fähigkeit bei, Statistiken, Aktivitäten, Fähigkeiten und Gefühle abzurufen. Unsere Erinnerungen sind keine statischen Einheiten, sie können jedoch im Laufe der Jahre gepflegt und verändert werden, was die dynamische Natur unserer Erinnerungen unterstreicht.

Emotionale Geschichten nehmen in unserem Gedächtnis einen besonderen Platz ein, da sie oft lebhaft in Erinnerung bleiben und oft einen bleibenden Einfluss auf unser Leben haben. Das Zusammenspiel von Emotionen und Gedächtnisbildung verdeutlicht den komplexen Zusammenhang zwischen unseren kognitiven Taktiken und unseren affektiven Zuständen.

Darüber hinaus sind Erinnerungen eng mit unserem Selbstgefühl und unserer persönlichen Identität verbunden.

Kapitel 13: Künstlerische Ausdrucksformen

Künstlerischer Ausdruck ist ein wesentlicher Bestandteil des Lebensstils und der menschlichen Kreativität. In den vielen Spielarten der Kunst haben Einzelpersonen spezifische Methoden gefunden, um zu sprechen, Emotionen zu erforschen, Konventionen zu erfüllen und die Arena um sie herum zu spüren. In diesem Kapitel tauchen wir in den bezaubernden Bereich künstlerischer Ausdrucksformen ein und erforschen die verschiedenen Medien, Strategien und Absichten, die Künstler nutzen, um ihre Gedanken zu vermitteln und emotionale Reaktionen hervorzurufen. Von den sichtbaren Künsten bis hin zu den sichtbaren Künsten werden wir die Energie und Bedeutung kreativer Schöpfungen für die Gestaltung der Gesellschaft und die Bereicherung des menschlichen Vergnügens erforschen.

Sichtbare Künste umfassen ein breites Spektrum an Medien, darunter Malerei, Zeichnung, Skulptur, Bilder und virtuelle Kunstwerke. Bildende Künstler nutzen diese Medien, um ihre Gedanken, Gefühle und Beobachtungen durch Bilder und Symbolik auszudrücken. Sie versuchen oft, die Essenz der Welt um sie herum einzufangen, indem sie die Fakten anhand ihrer spezifischen Sichtweisen entschlüsseln. Sichtbare Kunst lädt Besucher zur Interaktion mit dem Kunstwerk ein und löst so persönliche Interpretationen und emotionale Reaktionen aus. Ganz gleich, ob es sich um ein erschreckendes Porträt, ein skulpturales Meisterwerk oder ein fesselndes Bild handelt oder nicht, die bildende Kunst hat die Kraft, Emotionen hervorzurufen, abenteuerliche Wahrnehmungen hervorzurufen und zum Nachdenken anzuregen.

Die darstellenden Künste, zu denen Musik, Tanz, Theater und gesprochenes Wort gehören, sind auf Live-Auftritte angewiesen, um kreative Ausdrucksmöglichkeiten zu bieten. Diese künstlerische Bürokratie verbreitete sich in Echtzeit und fesselte das Publikum durch Bewegung, Klang und Geschichtenerzählen. Tune weckt mit seiner Fähigkeit, Sprachbarrieren zu überwinden, Emotionen und drückt komplizierte Gefühle aus. Tanz vermittelt mit seiner Körperlichkeit und seinem

Rhythmus skizzenhafte Erzählungen und Konzepte durch Bewegung. Theater lässt das Publikum durch Schauspiel und Inszenierung in Erinnerungen eintauchen, die Konzept und Selbstbeobachtung anregen. Darstellende Künste schaffen ein dynamisches und interaktives Erlebnis und fördern das Gefühl gemeinsamer Emotionen und des kollektiven Geschichtenerzählens.

Literatur ist eine erfinderische Ausdrucksform, die geschriebene Worte verwendet, um Ideen, Geschichten und Gefühle zu vermitteln. Mit Romanen, Gedichten, Essays und Theaterstücken erschaffen Autoren Geschichten, die den Leser in einzigartige Welten entführen, gesellschaftliche Normen herausfordern und die Tiefen des menschlichen Lebens erforschen. Literatur hat die Energie, die Kreativität anzuregen und es den Lesern zu ermöglichen, sich in Charaktere hineinzuversetzen, über tiefgründige Themen nachzudenken und eine Reihe von Gefühlen zu schätzen. Es dient als Hinweis für die Gesellschaft und spiegelt ihre Triumphe, Kämpfe und Komplexitäten wider. Der geschriebene Satz ist mit seiner Fähigkeit, Empathie hervorzurufen und Selbstbeobachtung zu provozieren, ein wirkungsvolles Werkzeug für den kreativen Ausdruck.

Film und Kino integrieren Faktoren der bildenden Kunst, der Erscheinungskunst und des Geschichtenerzählens, um eine ganz einzigartige Form des künstlerischen Ausdrucks zu schaffen. Durch das Zusammenspiel von Bild, Ton und gesprochener Übertragung erschaffen Filmemacher Erzählungen, die mit den Zuschauern auf mehreren Sinnesebenen interagieren. Der Film hat die Fähigkeit, das Publikum durch eindringliches Geschichtenerzählen und emotionale Studien zu einzigartigen Momenten, Orten und Sehenswürdigkeiten zu entführen. Er mischt visuelle Ästhetik, filmische Strategien und thematische Erkundung, um tiefe Reaktionen hervorzurufen. Vom klassischen Kino bis hin zu avantgardistischen Experimentalfilmen fasziniert die Kinokunst weiterhin das Publikum und verschiebt künstlerische Grenzen.

Mit dem Aufkommen dieser Ära hat sich die Welt des erfinderischen Ausdrucks um digitale Kunstwerke erweitert. Digitale Kunst nutzt digitale Werkzeuge,

Software und Strukturen, um sichtbare und akustische Faktoren zu erzeugen und zu steuern. Es umfasst verschiedene Bürokratien, darunter virtuelle Malerei, Bilddesign, Animation und interaktive Installationen. Virtuelle Kunstwerke bieten neue Möglichkeiten für Experimente, Zusammenarbeit und Interaktivität. Es zeigt die sich weiterentwickelnde Natur der Kunst im digitalen Zeitalter und verwischt die Grenzen zwischen konventionellen Kunstmedien und der Spitzengeneration.

Erfinderische Ausdrucksformen gehen regelmäßig über den ästhetischen Reiz hinaus und dienen als Vehikel für gesellschaftliche Kommentare und Kulturkritik. Künstler haben eine lange Geschichte darin, gesellschaftliche Normen in Frage zu stellen, Autoritäten in Frage zu stellen und Licht auf gesellschaftliche Themen zu werfen.

Letztendlich umfassen erfinderische Ausdrucksformen ein breites Spektrum an Medien, von sichtbarer Kunst bis hin zu darstellender Kunst, Literatur, Film und digitaler Kunst. Künstler nutzen ihre Kreationen, um Gefühle zu vermitteln, Gedanken anzustoßen, Konventionen einzugehen und soziale Kommentare abzugeben. Durch die Energie des kreativen Ausdrucks finden Menschen einzigartige Möglichkeiten zu sprechen, ihre innere Welt zu entdecken und das menschliche Vergnügen zu bereichern. Das Kunstwerk hat die Fähigkeit, Emotionen hervorzurufen, Kreativität anzuregen und ein gemeinsames Wissen über die menschliche Verfassung zu schaffen. Es erfüllt eine wesentliche Funktion bei der Gestaltung der Subkultur, der Förderung von Empathie und der Inspiration einer Alternative.

Kapitel 14: Indigene Weisheit

Indigenes Wissen bezieht sich auf das umfassende Fachwissen, die Ideale, Praktiken und Perspektiven indigener Völker auf der ganzen Welt. Diese vielfältigen und reichen Kulturen gedeihen seit Hunderten von Jahren und haben ein komplexes Verständnis der Welt der Kräuter, des nachhaltigen Wohnens, der Netzwerkwerte und der spirituellen Verbindungen entwickelt. Anhand dieses Bankrotts decken wir die Tiefe und Bedeutung des indigenen Bewusstseins auf und heben seinen Beitrag zum Umweltschutz, zum ganzheitlichen Wohlbefinden, zur Erhaltung der Kultur und zum umfassenderen Verständnis der menschlichen Existenz hervor.

Indigene Kulturen besitzen oft eine tiefe und tiefe Verbindung zur Welt der Heilpflanzen. Sie erkennen die Vernetzung aller ansässigen Lebewesen und das komplexe Beziehungsgeflecht innerhalb von Ökosystemen. Indigene Informationen betonen, wie wichtig es ist, im Einklang mit der Natur zu leben, ihre

Rhythmen zu kennen und ihre Vorzüge zu würdigen. Indigene Völker haben ein fortgeschrittenes ökologisches Verständnis entwickelt,

Von Generation zu Generation weitergegeben, was nachhaltige Praktiken sowie Landbewirtschaftung, Landwirtschaft und Ressourcenschonung beeinflusst. Diese Verbindung mit der Natur ist eine wertvolle Schulung zur Bewältigung der Umweltherausforderungen, vor denen die Menschheit heute steht.

Das indigene Verständnis erkennt das Zusammenspiel zwischen den physischen, emotionalen, mentalen und spirituellen Elementen des Wohlbefindens. Indigene Kulturen haben seit langem die Bedeutung eines ganzheitlichen Fitnessansatzes erkannt, der mittlerweile nicht nur den physischen Körper, sondern auch das geistige und religiöse Wohlbefinden umfasst. Traditionelle Erholungspraktiken, zu denen natürliche Medikamente, Zeremonien und die Verbindung mit dem Wissen der Vorfahren gehören, tragen zu einem umfassenden Fitness-Know-how bei. Indigenes Wissen lehrt, dass authentisches Wohlbefinden nicht ausschließlich eine männliche oder weibliche Suche ist, sondern mit dem Wohlbefinden des Netzwerks und der pflanzlichen Welt verknüpft ist.

Indigenes Verständnis spielt eine wichtige Rolle bei der Erhaltung und Wiederbelebung indigener Kulturen und Sprachen. Diese Kulturen tragen tief verwurzeltes Wissen, Traditionen und Erinnerungen in sich

Von Generation zu Generation weitergegeben. Das indigene Bewusstsein trägt dazu bei, die kulturelle Identifikation aufrechtzuerhalten, die Bindungen zur Gemeinschaft aufrechtzuerhalten und dem Druck der Assimilation zu widerstehen. Durch die Wertschätzung und Weitergabe ihres traditionellen Wissens tragen indigene Völker zum vielfältigen Geflecht menschlicher Kulturen bei und fördern ein tieferes Verständnis für die Bedeutung kultureller Vielfalt.

Spiritualität spielt in der indigenen Weisheit eine herausragende Rolle und bildet die Grundlage für das Wissen über das Gebiet und seine Nachbarschaft. Indigene Kulturen verkörpern spirituelle Verbindungen zum Land, zu den Vorfahren und zu kosmischen Kräften. Heilige Praktiken, Rituale und Zeremonien sind integraler Bestandteil indigener Glaubenssysteme und fördern ein Gefühl der Ehrfurcht, Dankbarkeit und Verbundenheit. Diese Praktiken fördern nicht mehr nur das nicht-säkulare Wohlergehen von Einzelpersonen und Gemeinschaften, sondern vertiefen auch das Wissen über die Heiligkeit des Lebens und die Vernetzung aller Existenz.

Indigenes Wissen wird durch mündliche Überlieferungen, Geschichtenerzählen und Erfahrungslernen weitergegeben. Älteste spielen eine entscheidende Rolle als Wächter

Wissen, das durch Mentoring und Gemeinschaftspraktiken an jüngere Generationen weitergegeben wird. Der generationsübergreifende Informationstransfer gewährleistet die

Kontinuität von Traditionen, Werten und kulturellen Praktiken. Diese Übertragung fördert ein starkes Gefühl der Identität, Zugehörigkeit und kollektiven Erinnerung innerhalb der Aborigine-Gemeinschaften.

Indigene Völker standen im Laufe der Geschichte vor mehreren Herausforderungen, darunter Kolonisierung, Marginalisierung und der Erosion ihrer Kulturgeschichte. Das indigene Know-how zeigt jedoch eine unglaubliche Widerstandsfähigkeit gegenüber Widrigkeiten. Indigene Gruppen behielten weiterhin ihre Informationssysteme bei, forderten ihr Land zurück und verteidigten ihre Rechte. Indigene Fachkenntnisse bieten Einblicke in Resilienz, Gemeinschaftsaufbau und die Kraft kollektiver Bewegung zur Bewältigung von Herausforderungen und zur Wahrung kultureller Integrität.

Indigenes Wissen ist von globaler Bedeutung für die Lösung der drängenden Probleme unserer Zeit. Das ökologische Wissen und die nachhaltigen Praktiken indigener Kulturen werden zunehmend als wertvolle Beiträge zum

Umweltschutz und zur Eindämmung des Klimahandels angesehen. Indigene Ansätze für Wohlbefinden und Netzwerkaufbau bieten Alternativen zu individualistischen und materialistischen Vorstellungen von Entwicklung. Indigene Informationen laden die Gesellschaft als Ganzes dazu ein, unsere Verbindung zur globalen Kräuterkunde neu zu bewerten.

Letztendlich bietet Indigenous Information umfassendes Fachwissen in globaler Kräutermedizin, ganzheitlichem Wohlbefinden, kultureller Bewahrung und religiösen Bindungen. Indigene Kulturen haben nachhaltige Praktiken, einen tiefen Respekt vor der Natur und einen ganzheitlichen Ansatz für das Wohlbefinden entwickelt, der die physischen, emotionalen, intellektuellen und nicht-säkularen Faktoren der Existenz umfasst. Das indigene Bewusstsein lehrt uns, wie wichtig es ist, im Einklang mit der Natur zu leben, die kulturelle Vielfalt zu schätzen und die Vernetzung aller Existenz anzuerkennen.

Kapitel 15: Physik enthüllt

Physik ist der Fachbereich der Wissenschaft, der versucht, die wesentlichen Normen zu verstehen, die das Verhalten des Universums bestimmen. Es erforscht den Charakter von Zahl, Kraft, Raum und Zeit und lüftet die Geheimnisse des Kosmos auf makroskopischer und mikroskopischer Ebene. In diesem Crash tauchen wir in das faszinierende Reich der Physik ein und untersuchen die grundlegenden Prinzipien, Theorien und Entdeckungen, die unser Fachwissen in der Körperwelt geprägt haben. Von der klassischen Mechanik bis zur Quantenphysik und Relativitätstheorie erforschen wir die beeindruckenden Theorien und ihre Auswirkungen auf unsere Wahrnehmung von Fakten.

Die klassische Mechanik, formuliert mit Hilfe von Sir Isaac Newton, legte den Grundstein für unser Wissen über Bewegung und die sie beherrschenden Kräfte. Newtons Bewegungsgesetze, darunter das berühmte Trägheitsprinzip und das Gesetz der universellen

Gravitation, bildeten einen umfassenden Rahmen für die Beschreibung des Verhaltens sich bewegender Objekte. Diese rechtlichen Richtlinien ermöglichten es Wissenschaftlern, die Bewegung von Himmelskörpern zu erklären, was für die Erfindung der Planetenbahnen und die Formulierung der Gesetze der Himmelsmechanik von zentraler Bedeutung war. Die klassische Mechanik fungiert weiterhin als Grundlage des Wissens in der makroskopischen Welt, von der Bewegung der Planeten bis zum Flug von Projektilen.

Der von James Clerk Maxwell formulierte Elektromagnetismus beschreibt die Wechselwirkung zwischen elektrischen und magnetischen Feldern und die Leitung geladener Trümmer. Maxwells Gleichungen vereinten die Erkenntnisse über Kraft und Magnetismus und enthüllten die grundlegende Natur elektromagnetischer Wellen und die Ausbreitung von Licht.
Elektromagnetismus spielt eine wichtige Rolle bei der Erzeugung und ermöglicht die Entwicklung von Geräten wie

Turbinen, Elektroautos und Telekommunikationsstrukturen. Es vertiefte auch unser Wissen über das Weiche und seinen Welle-Teilchen-Dualismus und ebnete den Weg für die Erforschung der Quantenphysik.

Die Quantenphysik hat unser Wissen über die mikroskopische, harte Welt der klassischen Vorstellungen von Determinismus revolutioniert und das bizarre Verhalten von Trümmern auf Quantenebene enthüllt. Die Quantenmechanik, formuliert von Pionieren wie Max Planck, Albert Einstein und Erwin Schrödinger, brachte das Konzept quantisierter Leistungsgrade und probabilistischer Beschreibungen des Teilchenverhaltens hervor. Dies gab bahnbrechenden Theorien wie dem Welle-Teilchen-Dualismus, Heisenbergs Unschärfeprinzip und der Quantenverschränkung einen Aufschwung. Die Quantenphysik verfügt über realistische Pakete in Bereichen wie Elektronik, Kryptographie und Quantencomputing und verschiebt weiterhin die Grenzen unseres Verständnisses des Universums.

Albert Einsteins Relativitätskonzept veränderte unser Wissen über Fläche, Zeit und Schwerkraft. Die Spezielle Relativitätstheorie aus dem Jahr 1905 bestätigte, dass Punkt und Fläche nicht absolut, sondern relativ zum Bezugssystem des Beobachters sind. Er enthüllte die Idee der Zeitdilatation und der Äquivalenz von Masse und Kraft, zusammengefasst in der berühmten Gleichung $E=mc^2$. Die moderne Relativitätstheorie, die 1915 formuliert wurde, definierte die Schwerkraft als die Krümmung der Raumzeit aufgrund großer Spielereien. Er lieferte ein umfassendes Gravitationsprinzip, das Phänomene wie die Lichtkrümmung um große Objekte und die Existenz von Schwarzen Löchern definierte. Die Relativitätstheorie hatte tiefgreifende Auswirkungen auf unser Wissen über den Kosmos und prägte unsere Sicht auf den Kosmos

Die Kosmologie ist der Zweig der Physik, der den Ursprung, die Struktur und die Entwicklung des Universums als Ganzes erforscht. Es untersucht das Konzept des enormen Knalls, das davon ausgeht, dass das Universum aus einer dichten, heißen Singularität entstanden ist, und untersucht das anschließende Wachstum und die Entwicklung des Kosmos. Kosmologen untersuchen die kosmische Mikrowellen-Hintergrundstrahlung, die Verteilung von Galaxien und die Entstehung großräumiger Strukturen, um den Aufzeichnungen und der Zusammensetzung des Universums auf den Grund zu gehen.

Die Physik lehrt uns, wie wichtig Interesse und Staunen bei der Erkundung der Welt um uns herum sind. Indem wir über den Charakter der Wahrheit nachdenken und versuchen, die wesentlichen Prinzipien zu verstehen, die das Universum regieren, können wir ein Gefühl des Staunens und die Entscheidung entwickeln, tiefer in die Geheimnisse des Kosmos einzutauchen.

Die Physik fördert entscheidende Denkfähigkeiten und die Fähigkeit, komplexe Probleme zu lösen. Durch das Studium von Theorien, mathematischen Methoden und experimentellen Informationen lernen wir,

Aufzeichnungen zu analysieren, logische Verbindungen herzustellen und moderne Antworten zu erweitern. Diese Fähigkeiten sind über viele Bereiche des Lebens und verschiedene wissenschaftliche Disziplinen hinweg übertragbar und wertvoll.

Zusammenfassend lässt sich sagen, dass der Physiktest wertvolle Informationen liefert, die über die Welt der Wissenschaft hinausgehen. Es fördert Neugier, kritisches Staunen, Fähigkeiten zur Problemlösung und eine Wertschätzung für das Natürliche, Internationale. Die Physik lehrt uns, neue Ideen zu hinterfragen, zu testen und umzusetzen und fördert so Aufgeschlossenheit und ein ganzheitliches Wissen über das Universum. Durch den Einsatz dieser Ausbildungen können wir Herausforderungen in verschiedenen Lebensbereichen mit Neugier und Belastbarkeit begegnen. Physik kann schwierig und kompliziert sein und erfordert Ausdauer und Belastbarkeit. Die Praxis der Physik lehrt uns, wie teuer Geduld ist, welche Möglichkeiten es gibt, Hindernisse zu überwinden, und wie wichtig es ist, aus Fehlern zu lernen. Es vermittelt einen Zustand von

Kapitel 16: Der Einfluss der Zeit

Zeit ist ein grundlegender Bestandteil unseres Lebensstils und prägt jeden Aspekt unseres Lebens. Vom Ticken einer Uhr bis hin zur Art und Weise des Alterns ist die Wirkung der Zeit unbestreitbar. In diesem Bankrott tauchen wir in die tiefgreifenden Auswirkungen ein, die die Zeit auf Menschen, Gesellschaften und die Welt als Ganzes hat. Durch die Erforschung vieler Dimensionen untersuchen wir, wie sich die Zeit auf unsere Wahrnehmung, Erinnerung, Entscheidungen und unser universelles Wissen über die Welt auswirkt.

Zeitempfinden: Das subjektive Zeitempfinden ist von Person zu Person sehr unterschiedlich. Manche empfinden die Zeit als vergänglich, andere erleben sie als ewig. Unsere Zeitwahrnehmung wird durch Faktoren wie Alter, kultureller Hintergrund und Gefühlswelt stimuliert. Wenn wir wissen, wie wir die Zeit wahrnehmen, können wir Einblicke in unsere kognitiven Techniken und in die Art und Weise gewinnen, wie wir uns in der Welt bewegen.

Unter Zeitwahrnehmung versteht man die subjektive Freude und das Erleben des Zeitablaufs. Es umfasst, wie Menschen den Zeitraum, den Rhythmus und die Abfolge von Aktivitäten wahrnehmen. Hier einige Informationen zum Zeitglauben:

- Zeitlicher Glaube und psychologische Elemente:Die Wahrnehmung der Zeit wird durch den Einsatz vieler psychologischer Faktoren beeinflusst. Dazu gehören die Aufmerksamkeit, die Aufregung, die Emotionen und der Gemütszustand des Einzelnen. Wenn wir beispielsweise einem ausgesprochen spannenden Interesse nachgehen, kann es auch so aussehen, als ob die Zeit vergeht, während sie sich in einem alltäglichen oder langweiligen Szenario ebenfalls in die Länge zieht. Auch in Momenten der

Sorge oder des Drucks kann unser Zeitgefühl verzerrt sein, sodass sich die Zeit verlängert oder verkürzt anfühlt.

- **Die subjektive Natur der Zeit:**Zeit ist subjektiv, da sie weitgehend von individuellen Beziehungen und kognitiven Prozessen bestimmt wird. Menschen in der gleichen Situation können aufgrund verschiedener Formen der Aufmerksamkeitswahrnehmung, der mentalen Verarbeitung und der Erinnerungskodierung auch spezifische Zeitwahrnehmungen haben. Unsere Zeitwahrnehmung kann durch Dinge wie Alter, Subkultur und private Überzeugungen beeinflusst werden.
- **Zeit und Alter:**Der zeitliche Glaube passt sich mit zunehmendem Alter an. Untersuchungen haben

gezeigt, dass jüngere Menschen tendenziell verstehen, dass die Zeit langsamer vergeht als ältere Menschen. Dies liegt daran, dass das Lernen bei Kindern irgendwann relativ neu ist und dass wir mit zunehmendem Alter immer vertrauter mit Routinen und Mustern werden. Mit zunehmendem Alter werden wir uns möglicherweise auch der begrenzten Zeit, die uns noch bleibt, bewusster, was zu einer gefühlten Beschleunigung der Zeit führt.

- Kulturelle Auswirkungen auf den Zeitbegriff:Der kulturelle Kontext spielt eine wichtige Rolle bei der Gestaltung unserer Zeitwahrnehmung. Verschiedene Kulturen haben eine beeindruckende Einstellung zur Zeit, die sich darauf auswirken kann, wie der Einzelne sie versteht und wahrnimmt. Einige Kulturen legen Wert auf Pünktlichkeit und die strikte Einhaltung von Zeitplänen, während andere eine flexiblere und flüssigere Zeiteinteilung bevorzugen. Diese kulturellen Unterschiede können zu Unterschieden in der Wahrnehmung von Zeit und Verhalten führen.

- **Zeit und Aufmerksamkeit:** Interesse erfüllt eine wichtige Funktion in unserer Zeitwahrnehmung. Während wir voll und ganz mit einer Aufgabe oder Aktivität beschäftigt sind, ist unsere Aufmerksamkeit in Anspruch genommen und die Zeit scheint auch schnell zu vergehen. Dieses Phänomen wird als „Wehen" oder „im Sektor sein" bezeichnet. Wenn wir dagegen abgelenkt oder gelangweilt sind, lässt unsere Aufmerksamkeit

nach und die Zeit kann langwierig oder eintönig werden.
- Erinnerung und Zeit sind eng miteinander verbunden. Unsere Fähigkeit, vergangene Ereignisse zu berücksichtigen, basiert auf unserem Glauben an die Zeit und die Kodierung von Erinnerungen. Die Zeit bildet den Rahmen für die Organisation und den Abruf der in unserem Kopf gespeicherten Statistiken. Das Studium der komplexen Datierung zwischen Erinnerung und Zeit hilft uns, die Funktionsweise unseres Gehirns und die Natur des menschlichen Bewusstseins besser zu verstehen.

Zeit spielt bei Entscheidungsprozessen eine entscheidende Rolle. Das Konzept der Gelegenheitsprovision unterstreicht die Auswirkungen des Zeitablaufs auf unsere

Alternativen. Entscheidungen, die unter Zeitdruck getroffen werden, weichen oft von solchen ab, bei denen genügend Zeit für Überlegungen zur Verfügung stand. Die Untersuchung der Auswirkung der Zeit auf die Entscheidungsfindung kann Einzelpersonen und Gruppen, die ihre Alternativen optimieren möchten, wertvolle Informationen liefern.

Im Laufe der Zeit durchlaufen unser Körper und unser Geist einen Alterungsprozess. Die Auswirkungen der Zeit auf unser körperliches Erscheinungsbild, unsere Gesundheit und unsere kognitiven Fähigkeiten sind tiefgreifend. Die Kenntnis der Mechanismen des Alterns und seines Zusammenhangs mit der Zeit ist ein wichtiger Schwerpunkt von Studien in Bereichen wie Biologie und Gerontologie. Die Erforschung des Einflusses der Zeit auf das Altern kann auch zu Strategien für den Verkauf eines gesunden Alterns und zur

Verbesserung der Lebensqualität der Menschen führen.

Die Zeit prägt den Verlauf von Aufzeichnungen und treibt den gesellschaftlichen Handel voran. Kulturelle Aktivitäten, Revolutionen und Veränderungen finden in einzigartigen Zeitrahmen statt und hinterlassen bleibende Spuren in der Gesellschaft. Die Untersuchung des Einflusses der Zeit auf antike Ereignisse kann Stile, gewonnene Erkenntnisse und Schicksalsverläufe von Fähigkeiten beleuchten. Es ermöglicht uns, die Bedeutung der Zeit für die Gestaltung unserer kollektiven Erzählung zu erkennen.

In einer schnelllebigen Welt wird Zeit oft als kostbare und nützliche Ressource angesehen. Eine effektive Zeitkontrolle ist für die Produktivität und die Verwirklichung von Träumen unerlässlich. Der Einfluss der Zeit auf die private und berufliche Erfüllung ist nicht zu unterschätzen. Die Untersuchung effektiver

Zeitmanagementtechniken kann
Einzelpersonen und
Organisationen helfen

Optimieren Sie ihre Leistung und
entdecken Sie gesunde Stabilität
im Beruf und Privatleben.

Die Zeit hat einen tiefgreifenden
Einfluss auf unsere Beziehungen
zu anderen. Dauerhafte
Beziehungen erfordern über Jahre
hinweg finanzielle Unterstützung
und Hingabe. Die Länge und
Qualität der Zeit, die wir mit
unseren Lieben verbringen, prägt
die Bindungen, die wir knüpfen
und die wir pflegen. Wenn wir den
Einfluss der Zeit auf Beziehungen
verstehen, können wir sinnvolle
Beziehungen pflegen und gesunde
Interaktionen fördern.

Unterschiedliche Kulturen nehmen
Zeit unterschiedlich wahr und
nutzen sie unterschiedlich. Einige
Kulturen legen Wert auf
Pünktlichkeit und Effizienz,
während andere eine flexiblere
Methode bevorzugen. Die
Erforschung kultureller
Sichtweisen auf die Zeit steigert

unser Verständnis für den Umfang und hinterfragt unsere Annahmen darüber, wie Zeit betrachtet und genutzt werden sollte.

Kapitel 17: Raum-Zeit enthüllt

Die Idee der Raumzeit, wie sie Albert Einstein in seinem Konzept der Standardrelativität vorschlug, revolutionierte unser Wissen über die Struktur des Universums. Die Zonenzeit ist ein grundlegender Rahmen, der die Skala von Zone und Zeit zu einer einzigen Einheit vereint. Anhand dieses Bankrotts tauchen wir in die heikle Natur der Zeit dieser Zone ein, erforschen ihre Eigenschaften und Implikationen und lüften die Geheimnisse. Raumzeit ist eigentlich kein statischer Hintergrund, vor dem Ereignisse entstehen, sondern eine energetische und dynamische Einheit. Es kombiniert die 3 Dimensionen der Fläche (Dauer, Breite und Höhe) mit der Größe der Zeit in einem 4-dimensionalen Kontinuum. Dieses Konzept hat unser Wissen über die Wahrheit grundlegend verändert und es der traditionellen Newtonschen Sichtweise erschwert

Im Einklang mit der modernen Relativitätstheorie verzerrt das Vorhandensein von Masse und Kraft das Gefüge der Raumzeit und erzeugt eine Krümmung, die sich auf die Bewegung der darin befindlichen Objekte auswirkt. Diese Krümmung erklärt die Schwerkraft, da die Wirkung der Elemente, die den gekrümmten Flugbahnen folgen, über die Verteilung von Masse und Energie bestimmt wird. Je größer ein Objekt ist, desto größer ist seine Krümmung der Raumzeit und desto größer ist seine Gravitationswirkung.

Eines der interessantesten Ergebnisse der Flächenzeitkrümmung ist die Zeitdilatation. Während sich ein Objekt in einer starken Gravitationsdisziplin befindet oder sich mit übermäßiger Geschwindigkeit bewegt, wird die Zeit anders erlebt als bei Geräten in einer schwächeren Disziplin oder in Ruhe. Dieses Phänomen wurde durch Experimente und Beobachtungen hervorgehoben, die die enorme Wechselwirkung zwischen der Krümmung der Raumzeit und der Vorstellung von Zeit belegen.

Die Zonenzeit ist eng mit dem Gefüge des Universums verbunden und beeinflusst das Zählverhalten und die Stärke. Es stellt die Bühne dar, auf der kosmische Phänomene stattfinden, zu denen die Bildung von Galaxien, die Lichtbeugung und die Expansion des Universums selbst gehören. Die Kenntnis der Wohnräume der Raumzeit ermöglicht es, die Unermesslichkeit und Komplexität des Kosmos zu erkennen.

Schwarze Löcher sind faszinierende astronomische Geräte, die entstehen, wenn riesige Sterne unter ihrer eigenen Anziehungskraft zerfallen. Sie erfinden einen Zeitzonenort mit einem wirklich starken Gravitationsfeld, was zu einer Singularität führt – einem Punkt unendlicher Dichte. Die Zonenzeit in der Nähe von Schwarzen Löchern ist ziemlich gekrümmt, was für Reflexionsphänomene wie Zeitdilatation, gravitative Zeitdilatation und den Ereignishorizont – die Grenze, jenseits derer nichts entkommen kann – von entscheidender Bedeutung ist.

Wurmlöcher sind theoretische Systeme, die entfernte Bereiche der Raumzeit verbinden und dabei möglicherweise Abkürzungen oder Brücken zwischen ihnen berücksichtigen. Sie sind wie Tunnel durch das Gefüge der Raumzeit und bieten die Möglichkeit einer Raumzeittour. Während Wurmlöcher im Bereich der theoretischen Physik bleiben, fesseln sie unsere Kreativität und regen zu Diskussionen über den Charakter der Raumzeit und die Möglichkeiten interstellarer Reisen an.

Die Vereinigung von Quantenmechanik und bevorzugter Relativität, bekannt als Quantengravitation, ist eine wichtige Aufgabe in der theoretischen Physik. Die Quantenmechanik beschreibt das Verhalten von Materie und Elektrizität auf extrem kleinen Skalen, während die populäre Relativitätstheorie das Verhalten der Raumzeit auf kosmischen Skalen erklärt. Die Verschmelzung dieser beiden Theorien ist wichtig für ein vollständiges Verständnis der grundlegenden Natur der Raumzeit und des Universums. Die Suche nach einer einheitlichen Theorie:

Physiker sind ständig auf der Suche nach einer einheitlichen Theorie, die Quantenmechanik und allgemeine Relativitätstheorie in Einklang bringen kann. Diese Theorie, die oft als die Theorie von allem bezeichnet wird, würde einen umfassenden Rahmen für das Verständnis der grundlegenden Kräfte der Natur und der Natur der Raumzeit selbst bieten. Die Suche nach einer einheitlichen Theorie ist eine spannende Herausforderung in der modernen Physik, die das Potenzial hat, die tiefsten Geheimnisse des Universums zu enthüllen.

Die Suche nach einer einheitlichen Theorie, die oft als die Theorie von allem bezeichnet wird, ist ein zentrales Ziel der modernen theoretischen Physik. Er versucht, zwei scheinbar unvereinbare Theorien in Einklang zu bringen: Quantenmechanik und allgemeine Relativitätstheorie, daher einige Erläuterungen zur Suche nach einer einheitlichen Theorie.

Die Suche nach einer einheitlichen Theorie entspringt dem Wunsch, die grundlegende Natur des Universums zu verstehen. Die Verwirklichung einer einheitlichen Theorie würde einen umfassenden Rahmen bieten, der alle fundamentalen Kräfte der Natur beschreiben und das Verhalten von Materie, Energie und Raumzeit unter allen Bedingungen erklären kann. Dies würde es Wissenschaftlern ermöglichen, die tiefsten Geheimnisse des Kosmos zu entschlüsseln, einschließlich der Natur von Schwarzen Löchern, dem Ursprung des Universums und den grundlegenden Teilchen und Kräften, die alles regieren.

Die Entwicklung einer einheitlichen Theorie ist aufgrund der damit verbundenen Komplexität eine enorme Herausforderung. Dazu muss die diskrete, probabilistische Natur der Quantenmechanik mit dem glatten, kontinuierlichen Rahmen der allgemeinen Relativitätstheorie in Einklang gebracht werden. Darüber hinaus stellen die extremen Bedingungen des frühen Universums und der Schwarzen Löcher, wo Quantenmechanik und allgemeine Relativitätstheorie relevant sind, theoretische Physiker vor große Herausforderungen.

Eine erfolgreiche einheitliche Theorie hätte tiefgreifende Auswirkungen auf unser Verständnis des Universums. Es könnte Aufschluss über die Natur der Dunklen Materie und Dunklen Energie geben, Einblicke in das Verhalten von Schwarzen Löchern und den frühen Momenten des Universums geben und möglicherweise einen Rahmen für das Verständnis von Phänomenen bieten, die sich derzeit dem Auge entziehen.

Erklärung, als die Vereinigung von alle grundlegenden Elemente. Kräfte.

Die Suche nach einer einheitlichen Theorie ist ein fortlaufendes Unterfangen, bei dem Physiker auf der ganzen Welt zusammenarbeiten. Es erfordert die gemeinsamen Anstrengungen theoretischen Wissens

Physiker, Experimentatoren und Mathematiker. Fortschritte in der Mathematik, der Quantenfeldtheorie und den Rechenwerkzeugen sind für den Fortschritt in diesem schwierigen Bereich von entscheidender Bedeutung.

Letztendlich offenbarte die Entschlüsselung der Raumzeit ein tiefes und komplexes Verständnis der Struktur des Universums. Die von Albert Einstein in seiner Allgemeinen Relativitätstheorie vorgeschlagene Raumzeit vereint die Dimensionen Raum und Zeit zu einer einheitlichen Einheit. Es handelt sich nicht um eine passive Kulisse, sondern um ein dynamisches Gerüst, das mit Materie und Energie interagiert und so das Wesen der Realität formt.

Die Raumzeit umfasst kosmische Phänomene, von der Entstehung von

Galaxien über die Lichtbeugung bis hin zur Expansion des Universums. Es spielt eine entscheidende Rolle im Verhalten von Schwarzen Löchern, bei denen die Raumzeit stark gekrümmt ist und Singularitäten und Ereignishorizonte entstehen. Die Erforschung der Raumzeit hat auch zu Spekulationen über die Möglichkeit geführt, mit theoretischen Konstrukten wie Wurmlöchern große Entfernungen zurückzulegen, was unsere Fantasie beflügelt und Diskussionen über die Grenzen der Raumfahrt entfacht hat. Raumzeit.

Der Abbau der Raumzeit hat tiefgreifende Auswirkungen auf unser Verständnis des Universums, vom Verhalten von Teilchen auf mikroskopischer Ebene bis hin zur Entwicklung des großräumigen Kosmos. Es bietet Einblicke in die Natur der Schwerkraft, den Ursprung des Universums und die grundlegenden Teilchen und Kräfte, die unsere Existenz bestimmen. Während viele Fragen noch unbeantwortet bleiben, verschiebt die Erforschung der Raumzeit weiterhin die Grenzen des menschlichen Wissens und inspiriert zu neuen Forschungsrichtungen.

Kapitel 18. Technologische Fortschritte

Der technologische Fortschritt hat jedes Element des menschlichen Lebensstils revolutioniert, von der Kommunikation und dem Transport bis hin zur Gesundheitsversorgung und Unterhaltung. In dieser Zeit der rasanten Entwicklung nehmen neue Technologien ständig zu und verschieben die Grenzen dessen, was zum Konzept geworden ist, so schnell wie möglich. In diesem Kapitel werden die tiefgreifenden Auswirkungen des technologischen Fortschritts auf viele Sektoren und ihre Auswirkungen auf die Gesellschaft untersucht.

Technologische Fortschritte beziehen sich auf Fortschritte und Innovationen auf dem Gebiet der damaligen Zeit, die zur Verbesserung neuer Geräte, Strukturen, Strategien und Produkte führten, die verschiedene Komponenten der menschlichen Existenz verbessern und verschönern. Bei diesen Fortschritten geht es darum, medizinisches Wissen, Studium und Technik zu nutzen, um

Antworten zu schaffen, die aktuelle anspruchsvolle Situationen ansprechen oder neue Möglichkeiten eröffnen.

Technologische Fortschritte können viele bürokratische Formalitäten erfordern, die von schrittweisen Verbesserungen bestehender Technologien bis hin zu bahnbrechenden Verbesserungen reichen, die ganze Branchen revolutionieren. Sie können ein breites Spektrum an Bereichen umfassen, darunter Informationstechnologie, Elektronik, Biotechnologie, Elektrizität, Stofftechnologie, Transportwesen usw.

Diese Fortschritte beinhalten regelmäßig die Integration neuer Ideen, Konzepte und Methoden in realistische Anwendungen. Dazu gehört die Entwicklung neuer Hardware, Software, Algorithmen, Substanzen oder Strategien, die umweltfreundlichere, leistungsfähigere und nachhaltigere Antworten ermöglichen. Technologische Fortschritte können auch zur Einführung völlig neuer Industrien führen oder bestehende Industrien stören.

Technologische Fortschritte können den Geldboom unter Druck setzen, die Lebensbedingungen verbessern, drängende gesellschaftliche Herausforderungen lösen und die Zukunft der menschlichen Zivilisation gestalten. Darüber hinaus stellen sie aber auch moralische, soziale und ökologische Bedenken dar, die sorgfältig berücksichtigt werden müssen, um einen verantwortungsvollen und vorteilhaften Einsatz zu gewährleisten.

Die verbale Austauschtechnologie hat die Art und Weise verändert, wie wir uns miteinander verbinden und interagieren. Das Aufkommen des Internets, von Smartphones und Social-Media-Plattformen hat Statistiken und verbalen Austausch zugänglicher und unmittelbarer gemacht. Menschen können jetzt über große Entfernungen zusammenkommen, ihre Gedanken verbreiten und auf globaler Ebene zusammenarbeiten. Das Kommunikationszeitalter hat neuen Medienarten wie Online-Streaming und der Erstellung virtueller Inhalte einen weiteren Aufschwung verliehen und das Unterhaltungsgeschäft neu gestaltet.

Technologische Fortschritte im Transportwesen haben die Art und Weise, wie wir uns fortbewegen und reisen, revolutioniert. Von der Erfindung der Dampfmaschine bis zur Entwicklung von Autos und Flugzeugen hat die Transporttechnologie die Anzahl der Fahrten drastisch reduziert und unsere Reichweite verbessert. Der Aufschwung elektrischer und unabhängiger Motoren verspricht, die Transportlandschaft ebenfalls umzugestalten und sie nachhaltiger und effizienter zu machen. Darüber hinaus verschieben Prinzipien wie der Hyperloop und der Territorialtourismus die Grenzen dessen, was wir in Bezug auf Mobilität nicht vergessen.

• Fortschritte in der Technologie hatten tiefgreifende Auswirkungen auf die Gesundheitsversorgung und Heilmethoden. Verbesserungen mit klinischer Bildgebungstechnologie und Robotik

•Chirurgie und Telemedizin haben die Diagnose- und Behandlungsmöglichkeiten revolutioniert. Die Integration von künstlicher Intelligenz und der Erforschung von Gadgets hat eine genauere Diagnostik, personalisierte Medikamente und die Entdeckung von Arzneimitteln ermöglicht. Darüber hinaus haben tragbare Gadgets und Fitness-Tracking-Apps es den Menschen ermöglicht, Price in ihre persönliche Fitness und ihr Wohlbefinden einzubeziehen.

•Automatisierung und künstliche Intelligenz (KI) haben Branchen verändert und den Arbeitsmarkt neu gestaltet. Die Automatisierung optimierte Produktionsabläufe und steigerte Leistung und Produktivität. KI hat das Potenzial, verschiedene Branchen sowie Finanzen, Logistik und Kundenservice zu revolutionieren. Es wurden jedoch auch Fragen zu den Auswirkungen von Automatisierung und KI auf die Beschäftigung aufgeworfen, da sie zu Arbeitsplatzverlagerungen führen können und von den Menschen das Erlernen neuer Fähigkeiten erfordern.

• Fortschritte in der Technologie haben eine entscheidende Rolle bei der Lösung anspruchsvoller globaler Gewaltsituationen und der Förderung der Nachhaltigkeit gespielt. Die Entwicklung erneuerbarer Stromanlagen, zu denen Solar- und Windenergie gehören, hat die Abhängigkeit von fossilen Brennstoffen verringert und die Auswirkungen des Klimahandels abgemildert. Stromspeichertechnologien haben in Verbindung mit überlegenen Batterien die Effizienz und Nachhaltigkeit erneuerbarer Energiestrukturen vorangetrieben. Smart-Grid-Technologien ermöglichen eine bessere Verwaltung und Verteilung von Strom und optimieren so den Energieverbrauch.

•Technologie hat den Trainingsbereich revolutioniert und neue Methoden zur Beherrschung und zum Zugang zu Fakten eröffnet. Online-Lernstrukturen und digitale akademische Ressourcen haben den Schulbesuch für ein viel breiteres Publikum noch komfortabler gemacht. Virtual-Reality- und Augmented-Fact- Technologien bieten vorteilhaftere immersive Studienstudien. Darüber hinaus können vollständig adaptive KI-basierte Lernstrukturen den Schulunterricht an die Bedürfnisse der Charaktere anpassen und so die Lernergebnisse verbessern.

•Technologische Fortschritte haben ethische und soziale Implikationen, die berücksichtigt werden müssen. Bei der Erhebung und Nutzung persönlicher Statistiken ergeben sich private Bedenken. Cyber-Schutzbedrohungen stellen Risiken für Einzelpersonen und Unternehmen dar. Die virtuelle Kluft führt zu Ungleichheiten beim Zugang zu Erzeugung und Informationen. Auch moralische Fragen müssen hinsichtlich des Einsatzes von KI, Automatisierung und anderen Technologien aufgeworfen werden, die sich auf Beschäftigung, soziale Gerechtigkeit und Menschenrechte auswirken können.

• Mit Blick auf die Zukunft wird erwartet, dass der technologische Fortschritt in einem vervielfachten Tempo anhalten wird. Aufstrebende Technologien, darunter 5G, Network of Factors (IOT), Blockchain und Quantencomputing, bergen das Potenzial, Industrie und Gesellschaft neu zu gestalten. Anspruchsvolle Situationen, darunter die Gewährleistung der Vertraulichkeit von Aufzeichnungen, die Bewältigung der moralischen Auswirkungen von KI und die Bewältigung der Auswirkungen der Automatisierung auf Arbeitsplätze, erfordern jedoch kontinuierliche Aufmerksamkeit und eine durchdachte Regulierung.

Letztendlich haben Fortschritte in der Technologie die Branche revolutioniert und sich auf alle Bereiche des menschlichen Lebensstils ausgewirkt. Von Kommunikation und Transport bis hin zu Gesundheitsversorgung, Kraft und Bildung hat die Technologie Branchen verändert, die Leistung verbessert und unsere Alltagserfahrungen verbessert. Es hat Menschen auf der ganzen Welt vernetzt, Daten zugänglicher gemacht und neue Möglichkeiten für Innovationen eröffnet. Während Fortschritte in der Technologie wunderbare Chancen bieten, müssen wir uns auch mit Herausforderungen wie Datenschutzproblemen,

Cybersicherheitsrisiken und moralischen Überlegungen befassen. Indem wir verantwortungsvolle Verbesserungen und das Gesetz nutzen, können wir die Vorteile der Ära maximieren und ein integrativeres und reicheres Schicksal schaffen. Der technologische Fortschritt hat den Sektor auf bemerkenswerte Weise verändert, jeden Aspekt des menschlichen Lebens geprägt und neue Möglichkeiten für Innovation und Entwicklung eröffnet. Von Kommunikation und Transport bis hin zu Gesundheitsfürsorge, Macht und der Vergangenheit,

Technologie hat Industrien revolutioniert, die Effizienz verbessert und unsere Alltagsgeschichten bereichert.

Diese Fortschritte haben zu einem nahezu beispiellosen Maß an Konnektivität geführt, das es uns ermöglicht, geografische Entfernungen zu überbrücken, sofort auf große Mengen an Fakten zuzugreifen und über Grenzen hinweg zusammenzuarbeiten. Die Ära des Kommuniqués hat Menschen und Behörden gestärkt, globale Netzwerke gefördert und den Austausch von Ideen beschleunigt. Die verbesserte Stromerzeugung hat zu einer Entwicklung hin zu saubereren und nachhaltigeren Energiequellen geführt. Reaktionen auf erneuerbare Energien, zu denen Solar- und Windenergie gehören, haben an Dynamik gewonnen, was unsere Abhängigkeit von fossilen Brennstoffen verringert und die Auswirkungen des Klimawandels abmildert.

Kapitel 19. Philosophische Erkundungen

Unter philosophischer Erkundung versteht man den Prozess der eingehenden und kritischen Auseinandersetzung mit wesentlichen Fragen zur Natur von Fakten, Fachwissen, Ethik und menschlichen Lebensweisen. Dazu gehört die Untersuchung und Reflexion der zugrunde liegenden Annahmen, Konzepte und Ideale, die unser Wissen über die Welt und unseren Platz darin bilden.

Die philosophische Forschung geht über bloße Spekulationen oder Meinungen hinaus und strebt danach, begründete und logische Argumente anzubieten. Es erfordert eine gründliche Analyse, Spiegelbild und Kontemplation, um ein tieferes Verständnis komplexer philosophischer Themen zu erlangen. Philosophen erforschen viele philosophische Perspektiven, Theorien und Rahmenbedingungen, um die Feinheiten philosophischer Ideen und ihre Auswirkungen zu beobachten.

Die philosophische Erforschung ist nicht immer auf eine bestimmte Reihe von Fragen oder Themen beschränkt. Es umfasst eine Vielzahl philosophischer Disziplinen sowie Metaphysik, Erkenntnistheorie, Ethik und politische Philosophie, Denk- und Wissenschaftsphilosophie, Ästhetik und mehr. Es fördert die intellektuelle Neugier und die Bereitschaft, Annahmen und Überzeugungen ernsthaft zu untersuchen und dabei die Erforschung verschiedener philosophischer Perspektiven und Theorien im Auge zu behalten.

Durch philosophische Auseinandersetzung können Einzelpersonen zusätzlich zu ihren eigenen Idealen und Werten ein besseres ganzheitliches und differenzierteres Verständnis des Sektors entwickeln. Es fördert Aufgeschlossenheit, intellektuelle Bescheidenheit und die Fähigkeit, rücksichtsvoll und respektvoll mit anderen zu kommunizieren, die unterschiedliche Standpunkte vertreten.

Philosophische Erkundung ist nicht nur eine abstrakte Übung, sondern kann praktische

Auswirkungen auf verschiedene Komponenten des menschlichen Lebensstils haben. Es kann ethische Entscheidungen beeinflussen, gesellschaftliche und politische Diskussionen leiten, wissenschaftliche Forschung prägen und zu persönlichem Wachstum und Selbstreflexion beitragen.

Philosophische Untersuchungen befassen sich mit wesentlichen Fragen zu Lebensweisen, Verständnis, Ethik und dem Charakter der Wahrheit. Diese Umfragen zielen darauf ab, den Sektor und unser Gebiet darin durch wichtige Fragen, Überlegungen und Analysen zu verstehen. Dieses Kapitel befasst sich mit verschiedenen philosophischen Ideen und Forschungsbereichen und beleuchtet das reiche Spektrum philosophischer Vorstellungen.

Metaphysik ist eine Abteilung der Philosophie, die sich mit der wesentlichen Natur der Realität befasst. Es geht Fragen zum Leben Gottes, der Natur der Gedanken und des Körpers, der Idee des freien Willens und der Natur von Zeit und Raum nach.

Metaphysische Untersuchungen befassen sich mit dem Charakter des Seins, der Identität, der Kausalität und der Natur von Objekten und ihrer Behausung. Philosophen beschäftigen sich mit Themen wie dem Charakter von Lebensstilen, dem Zusammenhang zwischen Geist und Zählen und den Grenzen menschlichen Wissens.

Die Erkenntnistheorie untersucht die Natur von Wissen, Wahrnehmung und Rechtfertigung. Es geht darum zu verstehen, wie Informationen gewonnen werden, was berechtigte Überzeugungen ausmachen und welche Grenzen menschliches Fachwissen hat. Erkenntnistheoretische Fragen erforschen den Charakter von Fakten, Skeptizismus, die Verlässlichkeit der Wahrnehmung und die Rolle von Motiven und Beweisen bei der Bildung von Idealen. Philosophen befassen sich mit der Natur der Gewissheit und den Maßstäben zur Unterscheidung von Verständnis und bloßer Meinung.

Die Ethik untersucht Fragen moralischer Werte, Prinzipien und Verhaltensweisen. Es befasst sich mit dem Charakter von Gut und

Böse, den Grundlagen moralischer Systeme und den Prinzipien, die das menschliche Verhalten leiten. Ethische Untersuchungen befassen sich mit Themen wie moralischer Verantwortung, der Natur von Glück und Wohlbefinden, der Bedeutung von Tugenden und der Begründung moralischer Theorien. Philosophen erforschen einzigartige ethische Rahmenbedingungen sowie Konsequentialismus, deontologische Ethik und Merkmalsethik und versuchen zu verstehen, wie moralische Urteile und ethische Dilemmata gelöst werden können.

Die politische Philosophie untersucht Fragen im Zusammenhang mit der Organisation von Gesellschaften, der Regierungsführung und der Elektrizitätsverteilung. Es untersucht den Charakter der Gerechtigkeit, die Rechte und Pflichten von Einzelpersonen und Regierungen sowie die richtigen Arten von Behörden. Insbesondere befassen sich Philosophen mit Demokratie, dem Konzept des sozialen Abkommens, der Verteilungsgerechtigkeit und den Menschenrechten. Die politische

Philosophie versucht, Fragen über die Natur einer einfachen Gesellschaft und die Prinzipien zu beantworten, die politische Systeme leiten sollten.

Die Philosophie des Geistes untersucht den Charakter von Wissen, das Problem des mentalen Rahmens und den Zusammenhang zwischen mentalen Zuständen und körperlichen Strategien. Philosophen decken Fragen zum Charakter des subjektiven Vergnügens, zur Wünschbarkeit künstlicher Intelligenz und des Systembewusstseins sowie zu den philosophischen Implikationen der Neurowissenschaften auf. In diesem Forschungsbereich geht es darum, die Natur von Vorstellung, Wahrnehmung und Bewusstsein sowie deren Beziehung zum physischen Internationalen zu erkennen.

Die Philosophie des technologischen Know-hows untersucht die Natur des klinischen Know-hows, die wissenschaftliche Methode und die Prinzipien der klinischen Forschung. Es untersucht Fragen zur Natur klinischer Theorien, zur Funktion von Äußerungen und Experimenten sowie zur Beziehung zwischen technologischem Know-how und anderen Arten des Verstehens. Technikphilosophen befassen sich mit Themen wie der Natur wissenschaftlicher Erklärungen, der Bestätigung und Falsifizierung von Theorien sowie der Grenze zwischen technologischem Know-how und Pseudowissenschaft.

Ästhetik erforscht Fragen der Schönheit, der Kunst und des Charakters ästhetischer Zeitschriften. Ziel ist es, die Natur des Kunstwerks, die Normen von Klassenurteilen und die Funktion von Gefühlen und Vorstellungen bei der ästhetischen Wertschätzung zu erfassen. Philosophen reflektieren über Fragen wie das Wesen der Schönheit, den Sinn der Kunst und den Zusammenhang zwischen Kunst und Moral.

Existenzialismus und Phänomenologie sind philosophische Bewegungen, die auf das subjektive Vergnügen, die Freiheit der Person und den Charakter von Lebensstilen abzielen.

Existenzialistische Denker beschäftigen sich mit Fragen nach den Mitteln und dem Zweck des Lebens, der Natur des menschlichen Lebens und den Möglichkeiten tatsächlicher Lebensstile.

Philosophische Erkundung ist ein tiefgreifendes und intellektuell lohnendes Unterfangen, bei dem grundlegende Faktoren der menschlichen Lebensweise und der Welt, in der wir leben, sinnvoll hinterfragt, untersucht und untersucht werden. Es umfasst ein breites Spektrum an Disziplinen, darunter Metaphysik, Erkenntnistheorie, Ethik und politische Philosophie, Denkphilosophie, Technologiephilosophie, Ästhetik usw.

Durch die philosophische Erkundung werden Menschen zu tiefer Reflexion, Spiegelung und Bewertung ermutigt, um tiefere Einblicke in komplexe philosophische Themen zu gewinnen. Dazu gehört die Bereitschaft, Annahmen zu hinterfragen, Ideale streng zu bewerten und unterschiedliche Standpunkte und Theorien zu entdecken.

In einer sich schnell verändernden Welt voller vielfältiger Perspektiven und komplexer, anspruchsvoller Situationen bietet die philosophische Erforschung einen wertvollen Rahmen für die Auseinandersetzung mit tiefgreifenden Fragen des Lebens, des Verständnisses, der Ethik und der Natur der Realität. Es gibt uns die Ausrüstung, um intellektuelle Debatten zu meistern, sinnvolle Diskussionen zu führen und ein tieferes Verständnis für uns selbst und die Welt um uns herum zu entwickeln.

Letztendlich lädt uns die philosophische Erforschung dazu ein, uns auf eine lebenslange Reise des intellektuellen Wachstums, der Selbstfindung und der Informationssuche zu begeben. Es ermutigt uns, Neugier einzubeziehen, Arbeitshypothesen zu entwickeln und zu versuchen, differenziertere und umfassendere Informationen über menschliches Vergnügen zu erhalten.

Kapitel 20. Spielzeit beenden

Die Idee des „Endspiels der Zeit" bezieht sich auf das endgültige Ende oder Schicksal der Zeit selbst. Es untersucht die Möglichkeiten und Auswirkungen dessen, was im Laufe der Zeit auch in ferner Zukunft oder in Situationen auftreten könnte, in denen sich seine Natur erheblich verändert. Obwohl es einzigartige Theorien und Spekulationen über das Ende der Zeit gibt, drehen sie sich oft um das Schicksal des Universums und die Grenzen oder Erweiterungen der Möglichkeiten des zeitlichen Lebens.

Einer der herausragendsten Gedanken im Zusammenhang mit dem Ende der Zeit ist die Vorstellung vom warmen Tod des Universums. Gemäß dieser Theorie wird sich der Kosmos stetig beruhigen und ein äußerst entropisches Land erreichen, während sich das Universum weiter ausdehnt und Prominente ihre Essenz erschöpfen. Dieser Bereich, der sterbende Hitze genannt wird, zeichnet sich durch eine gleichmäßige Kraftverteilung und das Fehlen jeglicher nutzbringender Arbeit aus. In dieser Situation könnte die Zeit selbst bedeutungslos erscheinen, da es möglicherweise keine eindeutigen Aktivitäten oder Taktiken gibt.

Eine weitere Spekulation ist der „Big Freeze", der zeigt, dass die Expansion des Universums auf unbestimmte Zeit andauern wird, wodurch Galaxien gleiten und kosmische Energie verloren geht. Infolgedessen könnte das Universum immer kälter und trostloser werden, ohne dass Energie für bedeutende Vorgänge verfügbar wäre. Dies würde zu einem Land führen, in dem die Zeit effektiv endet, da es möglicherweise keine dynamischen oder bedeutungsvollen Anlässe gibt.

Stattdessen bietet der enorme Crunch ein außergewöhnliches Endspiel auf Zeit. In diesem Szenario würde sich das expandierende Universum schließlich umkehren, was dazu führen würde, dass sich alles und die Elektrizität zusammenziehen. Am Ende könnte das Ganze in eine Singularität zerfallen und ein Reich extremer Dichte entstehen. Dieser Prozess, der einem Urknall ähnelt, würde die Decke des Gipfeluniversums markieren und wahrscheinlich nachgeben

Nach oben gedrückt in einen neuen Zyklus kosmischer Expansion und Kontraktion.

Einige Theorien spekulieren über die Wünschbarkeit eines Multiversums, in dem zwei Universen nebeneinander existieren oder voneinander getrennt sind. In einer solchen Situation würde das Zeitendspiel die zyklische Natur von Universen implizieren, wobei jedes Universum seine eigene Lebensspanne hat und schließlich einen Weg für die Entstehung eines neuen Universums bietet. Dieses zyklische Muster deutet darauf hin, dass die Zeit keinen endgültigen Halt haben kann, sondern sich einer unaufhörlichen Erneuerung unterzieht.

Es ist wichtig zu sagen, dass diese Endspieltheorien der Zeit spekulativ sind und vollständig auf aktuellen wissenschaftlichen Erkenntnissen basieren, die sich nur schwer ändern lassen, wenn neue Erkenntnisse und Theorien auftauchen. Die Natur der Zeit und ihr endgültiges Schicksal sind für Physiker, Kosmologen und Philosophen weiterhin faszinierende und mysteriöse Forschungsgebiete.

Das spannende Ergebnis der Erforschung von „Time's Endgame" nimmt uns mit auf eine faszinierende Reise in die ultimativen Konsequenzen und Implikationen des Zeitbegriffs. Aufbauend auf den in früheren Kapiteln präsentierten Informationen und Erkenntnissen befasst sich dieses Kapitel mit tiefgreifenden philosophischen, klinischen und existenziellen Fragen im Zusammenhang mit dem Charakter der Zeit, ihren Grenzen und der letztendlichen Fähigkeit des zeitlichen Lebens.

Das Kapitel beginnt mit einer erneuten Betrachtung der vielen Theorien und Perspektiven zum Charakter der Zeit. Es erforscht philosophische Konzepte wie Präsentismus, Eternalismus und das Konzept von Blockuniversen und beleuchtet die unterschiedlichen Ansätze, mit denen Zeit verstanden und erlebt werden kann. Die Wahrnehmung der Zeit als Dimension, die unsere Wahrheit systematisiert, und die Konsequenzen ihres Flusses oder Fehlens werden eingehend getestet.

Während der Bankrott fortschreitet, vertieft er sich in die Schnittstelle zwischen Zeit und Kosmologie. Es untersucht die Rolle der Zeit bei der Gründung und Entwicklung des Universums, einschließlich der Massive-Bang-Theorie und dem Konzept der kosmischen Inflation. Auch die mysteriösen Phänomene von Schwarzen Löchern und Wurmlöchern werden untersucht, da sie faszinierende Einblicke in die Natur der Zeit und ihre mögliche Manipulation bieten.

Eines der zentralen Themen von „Time's Endgame" ist das Konzept der Entropie und ihre Umwerbung mit dem Pfeil der Zeit. Bankruptcy untersucht die zweite Regelung der Thermodynamik, die besagt, dass die Entropie einer geschlossenen Maschine im Laufe der Zeit dazu neigt, zu explodieren, wodurch der Pfeil der Zeit und der Unterschied zwischen Vergangenheit, Geschenk und Schicksal entsteht. Die Ergebnisse irreversibler Ansätze und Zeitasymmetrie werden untersucht und werfen tiefgreifende Fragen zum Thema auf

Natur der Kausalität und das endgültige Schicksal des Universums.

Zeitreisen, eine Idee, die die menschliche Kreativität seit Hunderten von Jahren interessiert, ist ein weiteres Thema, das in diesem Kapitel behandelt wird. Untersucht werden die philosophischen und klinischen Implikationen von Zeitreisen, zu denen das Großvater-Paradoxon und das Bootstrap-Paradoxon gehören. Die Natur der Kausalität und das Potenzial, den Lauf der Geschichte im Laufe der Zeit zu verändern

Manipulation wird erwähnt, wobei wir uns mit den tiefgreifenden Auswirkungen befassen, die Zeitreisen auf unser Wissen über die Realität haben können.

Den Höhepunkt des Kapitels bildet eine Erkundung des verbleibenden Endspiels der Zeit selbst. Es befasst sich mit Theorien wie dem Heat Disappearing Universe, dem Great Freeze, dem Massive Crunch und der Möglichkeit eines Multiversums. Es wird über das Konzept des „Verzichts auf die Zeit" nachgedacht, mit beunruhigenden Fragen hinsichtlich der Natur zeitloser Lebensstile und der Kapazität eines zyklischen oder ewigen Universums.

Für die Dauer des Bankrotts werden existentielle Reflexionen über die Natur der menschlichen Existenz angesichts zeitlicher Hindernisse und der Fähigkeit, die Zeit anzuhalten, in die Erzählung eingewoben. Die philosophischen Implikationen des Endspiels der Zeit sowie die Suche nach dieser Bedeutung, die Wertschätzung des gegenwärtigen Augenblicks und die Vergänglichkeit unseres Lebensstils laden zu tiefer Selbstbeobachtung und Kontemplation ein.

Letztendlich dient „Time's Endgame" als herzzerreißende und intellektuell anspruchsvolle Auseinandersetzung mit den Ergebnissen und Implikationen der Idee der Zeit. Es befasst sich mit der Natur der Zeit selbst, ihrer Beziehung zur Kosmologie, dem Zeitpfeil, der Entropie, Zeitreisen und der Fähigkeit, die Zeit anzuhalten. Aus philosophischer, klinischer und existenzieller Sicht lädt das Kapitel die Leser dazu ein, über tiefgreifende Fragen über die Natur der Tatsachen, die Grenzen menschlicher Informationen und die Vergänglichkeit von Lebensstilen nachzudenken. In diesem Kapitel reichen die Theorien vom Hitzetod des Universums über den gewaltigen Frost, den massiven Crunch bis hin zur Wünschbarkeit eines zyklischen oder Multiversum-Szenarios.

www.ingramcontent.com/pod-product-compliance
Lightning Source LLC
Chambersburg PA
CBHW071509220526
45472CB00003B/960